# 基于可供性的交互式产品形态设计理论与方法

宋 红◎著

中国石化出版社

## 内　容　提　要


本书对产品形态创新设计、可供性理论应用、交互设计、可用性评价等方面的发展现状进行了概括介绍，重点分析了用户体验中的人机交互关系与产品可供性需求的挖掘、处理与分类，应用 LeapMotion 技术，通过物体可供性识别聚类可供性物体形态特征元素，实现了可供性物体库的建立；基于产品可供性的疫苗和基因表达，进一步结合神经网络建立免疫遗传机制，引导用户和设计师共同确定适应度和疫苗接种概率，实现了形态设计创新中的情感属性与可供性属性融合；以典型的用户驱动型水杯产品为对象，通过计算机辅助智能产品形态设计系统设计和产品可用性评价试验，确定了所提方法的有效性和可行性，为产品形态可供性设计提供了较可靠的理论和试验依据。

本书既可供从事工业设计相关领域的研究人员和工程技术人员使用，也可以作为工业设计专业研究生的参考资料。



**图书在版编目(CIP)数据**

基于可供性的交互式产品形态设计理论与方法／宋红著．—北京：中国石化出版社，2021.12
ISBN 978-7-5114-5675-5

Ⅰ．①基…　Ⅱ．①宋…　Ⅲ．①人-机系统-应用-产品设计-造型设计　Ⅳ．①TB472-39

中国版本图书馆 CIP 数据核字(2021)第 257603 号





**中国石化出版社出版发行**

地址：北京市东城区安定门外大街 58 号
邮编：100011　电话：(010)57512500
发行部电话：(010)57512575
http://www.sinopec-press.com
E-mail：press@sinopec.com
北京艾普海德印刷有限公司印刷
全国各地新华书店经销

*

710×1000 毫米 16 开本 8.5 印张 152 千字
2022 年 10 月第 1 版　2022 年 10 月第 1 次印刷
定价：50.00 元

# 前　言

随着智能产品日益增多，认知心理学、计算机辅助设计系统在产品设计界广泛应用，同时，面对日趋激烈的市场竞争和多品种、小批量的生产形式，用户体验逐渐成为产品设计关注的核心，其中产品可用性对用户体验的优劣起到决定性作用。从知觉领域来看，使用中的产品通过形态交互界面引导用户，使用户通过视觉感知产品的交互行为，即产品可供性感知，高效、满意地完成任务。因此，产品形态作为最直接的实体交互界面之一，不仅体现了产品结构，还蕴含了丰富的情感、行为、功能等潜在信息，使产品功能可见，而且决定产品与用户、环境之间交互行为感知，从而进一步影响产品可用性。产品形态设计阶段，现有基于情感的产品形态设计方法已难以满足实际用户体验中的设计需求。因此，如何主动发现、应用具有可供性物体的形态特征以提升产品可用性，是提高产品形态设计方法和设计效率的有效途径之一。

本书针对上述需要，对面向可供性的产品形态设计方法的原理和关键技术等开展研究与探索，主要内容如下：

(1) 提出了一种基于交互行为的产品可供性需求挖掘与处理方法。分析了用户体验中的人机交互关系，通过进一步剖析用户体验、行为目标和交互行为的关系，将交互行为分为目的行为、意图行为和操作行为三种，并相应表达构建了三种产品可供性；应用观察法挖掘交互行为需求词汇，针对需求中存在的包容、交叉、独立和互斥的冗余关系，给出了交互行为需求的挖掘和冗余筛选处理方法，获取到相应产品可供性需求；依据日本狩野纪昭(Noriaki Kano)教授提出的用户需求分类和优先排序的工具(KANO模型)对产品可供性需求划分，实现了产品可供性需求的分类；应用产品可供性结构，提出了按照不同主题、不同用户、优先级的三种产品可供性需求组织方法。

(2) 提出了一种基于手势识别技术的产品可供性物体获取方法。通过建立李克特(Likert scale)五级可供性量表，分析物体可供性程度，根据拉依达准则实现了可供性物体筛选；利用物体可供性的互补特性，构建了物体可供性AHO(Action Hand-Object)模板，表达了物体可供性包括用户手势和物体形态特征元素两方面内容；以用户手势为基础，给出一种应用Leap Motion技术的物体可供性识别方法，结合物体可供性程度打分和同类测试手势出现频率两个层面综合评定识别物体可供性，进而给出了可供性物体形态特征元素聚类方法，实现了可供性物体库的建立；给出了产品可供性AHO模板设计方法，从用户手势设计和产品形态特征元素两方面进行产品可供性设计，实现了基于手势识别技术的可供性物体获取。

(3) 提出了一种基于可供性的自适应免疫遗传产品形态设计方法。构建了用户体验中的产品形态属性模型；综合考虑产品功能和可供性的关系，提出了基于产品形态功能区分图的产品形态不完全分解方法，探讨产品可供性和形态特征元素的映射关系；提出了具有产品可供性的疫苗概念，构建了产品形态基因表达方式，给出了免疫遗传算法，结合神经网络建立免疫遗传机制，引导用户和设计师共同确定适应度和疫苗接种概率，优化了评价机制，实现了基于可供性的自适应免疫遗传产品形态设计。

(4) 提出了一种基于虚拟交互和实物交互的产品可用性评价方法。给出了在产品形态设计阶段基于虚拟交互和实物交互的产品可用性评价流程；探讨了相关虚拟交互界面的交互对象和交互语义；通过可用性指标评价体系、隶属度、模糊判断矩阵求解可用性排序和评价方法，构建了虚拟交互的产品可用性评价模型；给出了基于实物交互的产品可用性评价方法。

本书以典型用户驱动型水杯产品为对象，完成了水杯可供性需求挖掘与处理、水杯可供性物体获取实例验证；实现了运用免疫遗传算法的计算机辅助智能产品形态设计系统（Computer Aided Intelligent Product Form Design System，CAIPFDS）；完成了基于虚拟交互的水杯概念方案的可用性评价；完成了基于实物交互的水杯产品方案的可用性评价。在此基础上，证明了本书所提方法的有效性和可行性，能够有效提高产品形态设计效率和可用性质量。

本书获西安石油大学优秀学术著作出版基金资助，同时，在本书的编写过程中，西安石油大学工业设计专业19级的奥翔宇同学、郭钰莹同学和工业设计专业20级的杨锦鹏同学提供了有益的反馈，在此一并表示感谢！

由于本书中许多内容都是探索性的，难免有不当之处，恳请读者批评指正，不吝赐教。

# 目　录

# 1 绪　论

## 1.1 概述

产品从工业设计角度来看，主要分为技术驱动型和用户驱动型两大类。前者以技术为驱动要素，着重点在于提高产品的技术性能以获取用户的青睐，如计算机硬盘存储容量；后者以交互融合为主要特征点，包括产品外观设计、功能性设计，以提高产品使用便捷性，获得良好的用户体验，如移动电话、数码相机、家用器具、办公自动化用品和汽车等。用户驱动型产品作为可以感知和表达情感的一种产品，其利用计算机芯片、信息网络和传感器等现代技术为人类的工作、生活提供更加舒适、便捷的生存方式，在本书中均简称为产品。

由于智能技术的广泛应用，市场中出现了越来越多的智能产品，这些产品的用户体验优劣决定了其在消费市场中的占有率，而用户体验的首要因素是产品的可用性。根据国际可用性职业联合会的定义，产品可用性是指软件、硬件或者其他任何产品对于使用它的用户适合以及易于使用的程度。良好的产品可用性离不开优异的产品交互界面，包括实体交互界面和人机交互界面。因此，对产品开发厂商来说，在产品设计中引入产品可用性评价，是提高用户接受度、缩短工期、降低开发成本、减少后期维护和增加竞争力的一个重要手段。

产品实体交互界面指的是产品形态、材质、结构等造型元素构成的交互界面，作为功能的载体，其中形态是一个很重要的因素。目前，在产品技术日趋成熟、产品日趋同质化、产品形态激增的潮流下，用户更加理性地选择高效、易用和富有个性化情感产品的趋势，迫使产品生产厂商将产品形态设计提高到一个新的高度。但是，产品形态从何种角度进行何种意义的高效创新成为困扰产品生产厂商和研究者的一大难题。

从知觉领域来看，产品形态蕴含了丰富的情感、行为、功能等潜在信息，传达了用户与产品交互行为信息，而人通过形态知觉到产品提供的行为可能，也叫功能可见性、产品可供性，属于认知心理学的概念，是独立于人的产品属性。因此，为了适应产品形态设计过程对产品-用户、产品-环境之间交互行为的需求，将产品形态设计进一步延伸到产品可供性，使设计师能够根据用户对产品的情感需求和可供性需求为设计约束，进行产品形态的可供性设计，提升产品可用性。鉴于此，面向可供性的产品形态设计方法的研究逐步被众多企业所重视，通过形态引导用户高效、满意地完成任务，是提升产品可用性的重要手段，成为提高用户体验的关键。

产品形态设计过程包含了对产品形态的编码与用户对产品形态的解码。其中，对产品形态的编码是由设计师结合自身经验、创意、设计约束等因素，依据特定概念诠释产品，以产品的形态表达出来；而产品形态解码则由用户结合个人经历、文化背景、生活习惯等方面的知识，通过对产品的视觉、触觉、听觉、嗅觉、味觉等的感官，经过心理意识活动形成特定的意象感知，其中，在这些感官中，视觉作为用户与产品交互中的重要感官，决定性地影响着用户与产品的交互行为。由于设计师与用户生活背景的不同，设计师的编码与用户的解码之间存在一定的差异，如何减少这种差异性成为产品形态设计成功的关键。如图 1-1 所示[1]，由于产品形态缺乏拉、推可供性，用户不知道哪个把手可以拉开抽屉，不知道对门的哪一个部件采用什么操作行为，造成用户与设计师存在交互行为感知差异而导致误操作，降低了产品可用性。

(a)文件柜的形态设计　　(b)门的形态设计

图 1-1　缺乏可供性的产品形态设计

可供性感知是用户凭借自身感官对产品产生的联想，反映了用户对产品的感觉与期待。用户对产品的期待源自以下三项：①自身经验；②对当前产品的感知；③对相同产品的先前经验或者相似产品的经验[2]。由期待源对感官产生刺激，经由大脑加工综合处理，形成具体的感知信息，以语言、图形、文字等形式表达出来而形成具体的产品意象。为此，设计师在应用可供性形态元素进行设计时，需考虑目标消费人群的知识、经验、消费能力等，才能确保设计师的概念被用户正确理解，以缩小用户期望与设计师认知之间的差异[3]，对产品交互行为意象的认知差异越小，该产品越能反映该交互行为，就越能引起用户的行为共鸣。

传统产品形态设计过程多由工业设计师综合个人经验、创意等对产品形态元素进行编码，运用不同的设计策略激发用户感官上的注意，而对产品形态元素的选择与应用过程缺乏用户的参与，而难以有效反映用户的交互行为意象偏好，不但会增加设计迭代的次数，而且会提高产品上市的风险。只有确实掌握用户的产品可供性需求，获取正确的可供性信息，才能激发用户-产品-环境之间交互行为的一致，减少设计师编码与用户解码之间的差异，提升产品可用性，全面提高产品形态设计的质量和效率。

因此，如何利用交互行为准确构建可供性需求，以及帮助设计人员查找出合适的可供性物体，并发现可供性物体中所蕴含的潜在可供性形态特征元素，建立可供性物体形态与产品形态的映射关系，进行融合创新形态设计，通过产品形态的可供性设计提升产品可用性评价和产品形态设计方法的效率，已成为亟待解决的问题。鉴于此，本书开展了面向可供性的产品形态设计方法研究，整体研究了用户体验、行为目标和交互行为的关系，研究了基于交互行为的产品可供性分类方法；在此基础上，分别进行物体可供性识别与产品可供性设计，发现具有较高可供性的物体形态特征库；最后，以产品可供性需求为导向，研究了产品形态的可供性设计和产品可用性评估方法，从而实现了可供性物体中潜在形态特征元素的重用。

## 1.2 国内外技术现状

随着智能产品越来越多，交互的产品已不再囿于计算机科学领域的软件产品，正向有形的实体产品设计领域渗透，由此，产品交互界面包括实体交互界面和人机交互界面，共同影响了产品可用性。

面向可供性的产品形态设计方法的目的是在现实物体中发现满足产品可供性需求和具有重用价值的形态信息，进行产品形态设计和可用性评价，改进产品形态设计方法，既涉及交互行为需求挖掘以及可供性物体形态信息获取，也涉及可供性物体形态信息重用和可用性评价方法。

下面将围绕产品可用性、产品交互设计、产品形态创新设计、用户认知心理和可供性理论与设计应用等方面介绍国内外技术现状。

### 1.2.1 产品可用性

可用性是衡量产品交互界面设计品质的重要指标，根据国际标准 ISO 9241-11：2018，可用性是指产品在特定环境下为特定用户用于特定用途时所具有的有效性、效率和用户主观满意度。由该定义评价产品可用性时经常以用户执行特定任务时所需的任务完成时间、任务执行效率以及任务执行过程的出错次数等为主，而对用户主观感受考虑较少。对此，ISO 9241-210：2019 对可用性的定义进行了扩充，将用户使用产品或系统之前、之中和之后的全部感受作为一个重要因素[5]。在产品形态设计中导入可用性工程方法，对产品开发厂商来说，有助于控制后续维护、开发成本，缩减研发时间，尽可能强化产品整体的竞争力。目前国内外企业将针对人机界面设计的可用性理论引入工业产品设计中[6]，从产品设计的角度对工业产品的可用性评估原则、流程和方法进行了探讨性研究。

（1）传统可用性评价

传统可用性测试方法是相关受测试者安排用户运用原型或者是产品来开展基本的操作，观察、记录以及分析各类用户活动以及详细数据，针对可用性开展综合评估，传统评价大部分为主观评价，设计者会结合自身的专业知识与经验进行判断，但未能关注用户的体验。Yan Zhou 通过生理行为测量、绩效测量、自我评价测量等方式对智能手机各项指标进行量化，基于模糊理论，通过隶属函数将隶属度转化为综合得分，从而对用户体验进行量化评价[7]。周荣刚结合 ISO 9241-11：2018 有关可用性的定义，建立了包括人-机交互角度、用户角度和观察者角度的用户体验质量的指标体系模型，针对可用性概念的模糊性及其综合评估中的问题，应用层次分析法（Analytic Hierarchy Process，AHP）确定了指标体系中相关因素的权重，并根据模糊隶属度函数对用户体验质量评价标准进行了模糊化处理，最后采用模糊评价方法对用户体验质量进行评价[8]。吕春梅结合可用性评价研究成果、老年群体社交等特征，基于层次分析法收集专家数据，并进行指标权重的计算，提出了老年社交 App 产品可用性评价指标体系构建的方法[9]。刘胧基于失效模式和效果分析（Failure Mode and Effects Analysis，FMEA）的定量可用性评估方法，在常用可用性评估方法的基础上，通过对产品的任务集进行分析，并分别从有效性、效率和主观满意度对任务集进行评价，计算产品的可用性水平[10]。Kwahk 等以电子产品为例研究了一种包括产品界面特征变量，由用户、产品、活动和环境组成的环境变量，以及可用性度量变量三部分的产品可用性评估方法[11]。杨超翔将儿童产品的用户需求分为外观需求、操作需求和感知需求，构建以感性意象词汇为基础的产品可用性多维层次指标模型，考虑儿童的认知心理、情感方式以及行为方式，通过层次判断矩阵求解并计算各个可用性感性指标重要度和优先次序[12]。陈昊建立了基于肢体行为数据的评价模型，以某品牌电压力锅可用性测试为例，招募用户进行产品交互效率和满意度测试试验，通过采集用户在执行产品任务过程中的行为数据，结合心理量表采集用户在操作产品任务后的心理量值。通过单因素方差分析，筛选出与心理量值关联的运动数据，构建配套的交互可用性方程[13]。近年来，将主观感受应用于可用性的研究逐渐增多，如 Seva 等提出了可用性感知和情感增强模型(UPEEM)的设计框架，验证了与形式相关的产品属性影响产品可用性和情感感知[14]。Sonderegger 等通过实验验证了产品外观对可用性、性能指标和吸引力的影响[15]。Zheng 通过多维标度(Multi-Dimensional Scaling，MDS)将产品主观外观和可用性的感知评分投影到相同的欧几里得空间中，应用感知图(Perceptual Map)将可用性和主观外观之间关系可视化，探讨了产品的外观与可用性感知的关系与影响[16]。Nantel 等研究了网站设计中语言和文化对网站可用性感知的影响[17]。Fenko 等提出用户和产品交互中运用多种感官进行评价，产品必须具备一定的可感知外观，让用户感知到情感需求和易用需求[18]。

(2) 基于虚拟现实技术的可用性评价

虚拟现实技术主要是利用计算机完成环境的虚拟描述，用户能够采用专业的设备和虚拟环境进行互动，使用户具有身临其境的感受，它有效突破了传统媒体艺术的单向模式，为用户呈现更加具有渗透力以及感染力的影响。目前，已有部分专家针对用户对产品体验等方面评价展开了相关研究。

Henninger 探讨了界面设计的基本理论和方法，提出可用性测试方案有着不确定性、主观性等特征[19]。Gomes 验证了可以应用混合原型技术评估交互式产品可用性和用户体验，它能够有效评估产品绩效、执行任务的时间和错误数量[20]。近年来，已有部分专家针对用户对产品体验评价方面展开了相关研究。王洪艳提出了面向终端形态不确定的虚拟现实产品的用户体验研究方法，搭建主观评价方案，涉及 VR、主观评价数据采集等多个算法，而且还针对虚拟现实产品开展针对性的评价[21]。王秋惠将模型置入虚拟环境进行人机交互可用性分析与评价，利用视线追踪技术，进而追踪捕获用户认知加工过程，研究目标用户兴趣，提炼基于视线追踪技术的产品设计概念人机交互可用性评价方法[22]。Tan 提出基于遗传神经网络的人机交互界面用户体验评价方法[23]，运用有高度非线性映射的神经网络，进而满足评价的输入、输出，依靠全局寻优等方案从而实现训练参数的效果，使用遗传算法针对模型开展优化设计，采用知识指导遗传算法实现人机交互界面用户体验评价。Deng 提出基于 ARToolKit 增强现实的人机交互界面用户体验评价方法[24]，利用模式识别的方法对人机交互界面用户进行特征点匹配，计算用户评价变换矩阵，最终实现人机交互界面用户体验评价。该方法应用过程简单，但是存在评价结果不准确问题。Wang 提出 Harris 特征点检测的人机交互界面用户体验评估方法[25]，结合 Harris 特征点检测算法，提取人机界面显著性区域，对该区域的用户浏览做出准确预测，计算界面平均结构信息及信息强度，获取人机交互界面用户体验评估值，该方法所得的评价结果较为准确，但是存在耗时较长问题。

### 1.2.2 产品交互设计

人机交互设计是指人和数字化环境的互动过程，最先应用于软件界面设计中，侧重于特定的应用软件设计解决方案，目前与有形的实体产品设计和开发有密切的渗透关系，交互性近年来迅速成为信息社会中信息设计和工业产品设计的重要特点。交互设计可以转变物为对象的传统，将人类相关行为视为基本的设计对象。交互设计过程中的决策逻辑主要采用行为逻辑[26]。Donald Norman[27]在《设计心理学》中提到交互设计大于传统的功能设计、造型设计，因为产品有较为理想的交互功能，在产品中可感知到相应体验，此类体验可增进双向交流，进而有浓烈的“情感成分”。因此，交互设计的核心目标即保障可用性目标，对于最终的用户体验构成直接影响[28]。

杨玲在实际分析场景中建立新的交互情境，在新的交互场景设计新的交互方案，依靠产品原型来判断具体的交互效果，进而达成预期的交互效果[29]。马文娟设计“目标-建模-行为-体验”的基础模式，满足产品经理和交互设计师开展交互产品设计的需求，提升用户体验和交互产品的优化设计[30]。张艳玲强调“环境-产品-人-产品-人-环境”的循环设计思想，并通过对使用者的行为习惯及其规律分析以指导公共设施的产品设计[31]。李煜通过应用认知心理学知识实施情感化交互设计，通过概念明喻、功能明喻、行为隐喻、结构隐喻保证产品形式符合用户认知习惯，丰富产品设计内涵，让交互设计在工业产品设计中得到有效应用[32]。马超民从系统功能逻辑解构、定义人机关系、定义界面交互三方面提出一种面向智能化制造装备的复杂信息系统人机交互界面设计模型[33]。李世国提到以下方法：①迭代方法，从概念模型到实际设计需要四个环节不断迭代，具体包括明确用户基本需求、收集信息、确定用户需求和设计概念模型方案；②原型方法，结合纸质情节串联图等方式构建快速原型，并且在该过程中反复揣摩改进；③场景方法，用于搜集和表示实地调查所得到的信息，并应用于设计[34]。梁恺文提出了基于用户场景的交互设计基本流程模型，从客观场景提取需求，以目标场景定义产品功能，根据模拟场景优化产品，在应用场景中测试产品[35]。谭浩基于“5W1H”(Why、When、Where、Who、What、How)方法构建情境组织模型，以分析设计过程中的情境作用，提出了基于情境作用的产品交互设计思维模型[36]。

### 1.2.3 产品形态创新设计

产品形态往往是用户了解、接触该产品最直接的造型元素，因此，用户使用产品时，产品形态是影响其可用性的关键因素之一。从企业角度来说，产品形态设计作为工业设计的核心，是企业产品开发的初始环节，也是关键环节[37,38]。产品形态设计为整合多个学科以及具备创新性的相关活动，其实际目标即在多约束的影响下，探寻关于问题的最优解。设计师应用不同方法来满足形态设计，进而为产品提供形态方案及核心理念，使用户能够通过对具体产品的感官接触，感知设计师所传达的综合信息。为此，国内外众多学者展开了深入研究，主要可以分为以下三个方面。

（1）基于组合的形变设计

基于组合的形变设计方法是针对当前的形态设计组成特定元素，依靠形态元素的具体排列、组合等形成新的方案。如刘佳星将影响产品形态的内外部件进行划分和再组合后，利用遗传算法进行产品形态创新设计[39]。Chen 等在开展形态分析的基础上，使用形态均化法的方案获得相应的融合均化形态[40]。Wang 在多种轮廓形态的基础上开展插补处理，进而有相应的渐变造型，依靠辅助产品完成相应的设计程序[41]。Hsiao 和 Liu 以 LCD 显示器为例，以灰色理论和形变技术预测并产生新的显示器造型[42]。Mei 等将形状文化参数化，进而有品牌延续性地进行造型设计[43]。Tjalve 通过简化产品构件细节，寻找构件之间的排列组合方案，以产生新的方案[44]。Pahl 等结合功能的产品设计，将用户需求转变成动能，依靠物理工作原理实现功能，最后完成物理零部件组合形态设计[45]。

（2）基于基因的进化设计

基于遗传算法进行产品形态设计，对产品形态分解与编码，依靠该方式来模拟自然环境的进化过程，探寻关于产品形态的相关最优解，进而为设计师提供相关的参考支持。如 Hsiao 等将相应的感性工学以及数量化进行整合，依靠快速生成的方式解决相关形态方案[46]。Fung 等应用多目标遗传算法对产品情感化设计过程进行优化[47]。刘肖健等针对具体的形态、编码，依靠遗传算法来探寻最优形态，进而达成了基础的产品形态优化设计[48]。徐江等结合特征编码，使用正交分析的方案进行精简设计，依靠交互式遗传算法来提升整体的设计效率[49]。Wang 将交互遗传算法与基于犹豫区间算法和模糊 Kano 模型（Fuzzy Kano Model，FKM）相结合，以挖掘用户对产品形态的情感需求，驱动产品形态进化设计[50]。傅业焘和罗仕鉴则通过构建产品族外形基因体系，建立与产品风格意象之间的映射关系，通过双向推理延续产品族外形和风格意象[51]。Sevaux 等应用遗传算法将线型优化后用于车身形态设计[52]。宋红采用一种自适应免疫遗传演化算法，将产品形态的特征元素进行基因编码，反复迭代优化后得到兼有情感性和可供性的形态方案[53]。杨延璞等结合产品语义开展分析，运用遗传算法进行产品形态设计方案进化与优化[54]。

(3) 基于多学科知识的形态创新设计

产品形态设计过程是多学科知识融合创新的过程，具有知识密集型的特点，开展针对性的知识获取以及重用等操作，可大幅提升整体的创造力以及满意度。Li 依据确定的设计变量和多重情感反应建立多目标优化模型生成最优解，利用粗糙集提取最优解所共有的设计知识进行产品形态设计[55]。刘征等多方面研究了设计知识的获取方法，如将设计阶段与知识流节点匹配进行获取工业设计过程中的创意知识的获取方法；通过划分问题空间和方案空间，利用问题方案共进模型划定设计过程的重要节点，面向节点调用本体以捕捉设计知识；基于预设概念定义获取信息，应用知识元级模型和本体配置表达设计对象和设计过程知识[56-58]。Shieh 在混合感性工程系统(Hybrid Kansei Engineering System，HKES)中，提出了一种基于支持向量回归(Support Vector Regression，SVR)和多目标进化算法(Multi-Objective Evolutionary Algorithm，MOEA)相结合的方法，使用 SVR 构建预测模型，使用 MOEA 生成最优形态设计方案[59]。蒋超将压痛耐受力数据作为外载荷，采用能量优化模型对手柄接触面人机形态进行初步设计，采用骨粒串主导的曲面变形技术和 Dexmo 手部动作捕捉设备，对标准静态曲面进行变形并完善手柄形态设计[60]。刘淼通过眼动追踪设备捕捉被试者观察试验图片时的眼动数据，并利用划分兴趣区分析被试者对于不同产品形态区域的关注度，以及不同产品形态区域对于产品形态设计的影响，对保温饮水器形态进行设计评价[61]。郭西雅利用表面肌电信号采集系统监测被试上肢肌肉疲劳状况，获取每位被试工作时橡皮泥手托模型利用逆向工程实现测量及拟合，并对键盘辅助产品形态进行设计[62]。罗仕鉴通过构建生物轮廓数据集，对给定的目标域产品轮廓，运用匹配法获得与目标域产品相适应的相关源域生物，对匹配好的目标域产品和源域生物进行特征点一一对应标注，使用图像变形技术产生仿生程度不同的仿生产品，实现目标域与源域的仿生融合[63]。汶晨光在设计中应用眼动分析的方案，从而针对文化特征开展相应的量化分析，结合图案、形态、色彩以及材质四大维度获得基本的设计基因，依靠演绎以及重组设计基因等方式来满足基本的形态设计需求[64]。林丽通过建立眼动追踪指标与设计要素关系模型，进而提炼、权重出与用户视觉认知相关的形态要素进行形态设计优化[65]。

产品形态创新设计的关注点分别是“为设计而设计”“为用户而设计”和“为系统最优化而设计”[66]。“为设计而设计”的方法主要是从产品本身出发，单纯追求形态方案的多变，较少考虑用户和市场，难以满足用户和市场的真正需求；“为用户而设计”目前趋势是结合用户生理、心理实验等方法，将产品形态元素与用户对产品的心理认知、情感语义等因素结合起来，是基于约束的形态设计，目的是寻求用户对产品满意度最大化；“为系统最优化而设计”则综合考虑工业设计过程中用户、设计师及产品之间的关系，力求用户知识模型、设计师知识模型与产品知识模型的匹配最优化，减少用户与设计师之间对产品认知的差异。

### 1.2.4 用户认知心理

认知心理学作为最新的心理学分支之一，是二十世纪五六十年代在西方兴起的一种心理学思潮。认知心理学分析相应高级的心理过程，涉及注意、知觉、表象、记忆等，并进一步发掘人们对知识的学习、表征、推理、存储等信息活动的特点及运作过程。即认知心理学以信息加工的观点研究人的认知过程，认为人脑是一个信息加工系统，能够能动性地去获取知识和加工信息。认知心理学以人的心理机制为研究基础，其主要构成为信息输入以及心理输出等多个场景的内部心理过程。人类对事物的感知，依靠视觉、听觉、触觉、嗅觉、味觉等感觉器官获取外在事物的信息，由神经系统传递给大脑进行信息加工，形成一定的记忆储存在大脑中。认知心理学的代表人物美国专家 Newell 和 Simon 认为，人脑的信息加工过程类似于计算机，可分为感受器、效应器、记忆装置和处理器四部分[67]。感受器是接受信息的装置，即感觉系统，它接收外界刺激信息后，对信息作一定的转换，在进入记忆装置之前，由处理器进行符号重构、辨别和比较，转化为可供提取的符号存储于记忆装置中，最后由效应器发出对外界刺激的反应信号。人脑对信息处理的过程可以分为自下而上和自上而下两种。自下而上是由刺激信息的处理开始，经过层层输入、分析，最终识别出该信息；自上而下是根据人们的期望和标准，诠释不完整的感官输入。正常情况下，这两种方式同时作用于人脑的信息处理过程。在对产品造型的认知过程中，一件产品的造型能够被用户所辨识和认知需要具备两个条件：一是该产品造型的刺激；二是关于此造型过去的知识和经验[68]。这两者相互作用，使用户产生对产品造型的准确辨识。产品造型的辨识和认知是产品风格意象认知上一个重要的心理活动，从认知心理学的角度来看可分为以下四种。

(1) 模板理论

用户过去的知识和经验称为模板，用户对产品认知的过程为模板匹配过程，这一理论称为模板理论。它的中心思想是认为人的记忆系统中储存着各种各样的刺激物的模板，当外界刺激正好与某一储存的模板匹配时，该刺激就能得到破译和识别。然而，这种理论是用机械、呆板的方式诠释人类高度灵活多变的认知过程，局限性较大。因此，在此基础上，Neisser[69] 对模板理论作了修正，认为人的大脑在作匹配前，会对外界刺激作出适当的前处理，从而使一个模板可以匹配多种刺激。前处理包括局部性操作和常态化操作，局部性操作用于剔除刺激信号中的噪声，常态化操作用于将局部已经改变的刺激转化为标准刺激或常态化刺激。

(2) 原型理论

原型理论对模板理论进行了改进，认为人的记忆系统存储的不是与外界刺激严格对应的模板，而是一类刺激的典型案例，即原型[70]。当大脑接受外界刺激时，处理器将外界刺激与原型匹配，当匹配程度达到最佳时，该刺激即会被识别。通常来说，一个产品原型包括了该产品最主要的特征和信息，用户对某一产品造型的辨识和认知则通过与大脑中存储的产品原型匹配，相似度越高，则该产品造型就越容易被用户辨识和认知。

(3) 特征比对理论

该理论认为存储在记忆装置中的信息既不是刺激的模板，也不是某类事物的原型，而是各种事物的特征。据此理论，人们在辨识与认知产品时，会分析产品的属性和特征，据此与经验做比对。Slefridge 和 Neisser[71]以特征比对为基础，发展出著名的魔宫理论(Pandemonium)，假想人的大脑中存在四个精灵，分别为图像精灵、特征精灵、认知精灵和决策精灵。图像精灵负责接收外界的感官刺激，在脑中形成一定的图像；特征精灵负责分析图像的特征；认知精灵负责对各个特征之间的关系进行整合；决策精灵则决定最后认知的结果。相较于模板理论和原型理论，特征比对理论更能体现符号加工的意义，它在解释人的模式识别方面显得更为灵活和经济，而且也具有更高的抽象性[72]。

(4) 结构化叙述理论

认知心理学认为，用户对产品认知的信息90%来自视觉[73]。依据认知心理学的特征比对理论和信息论，用户对产品造型的认知是一个信息处理过程，如图1-2所示由三个阶段组成[74-76]，产品造型特征经认知分解后，通过形态、色彩、材质、质感等变化吸引用户的注意。①形成美学印象。用户依据产品造型对其感官的刺激，经过一定的特征分析，依据个人经验与心理对比，构建产品造型认知空间，形成一定的美学印象。②产生语义判断。用户根据产品造型产生对产品蕴含的情感语义和行为语义的判断，其中情感语义指的是用户对产品所蕴含情感语义的判断，行为语义指的是用户判断产品的操作方式并了解其功能。③建立符号联系。用户将产品造型所蕴含的意义与自己的文化背景、生活经历、行为等相匹配，建立情感和行为上的联系。

### 1.2.5 可供性理论与设计应用

Gibson 于 1977 年最早在知觉领域提出可供性的概念，他认为人知觉到的内容是事物提供的行为可能而不是事物的性质，而事物提供的这种行为可能就被称为可供性，它是独立于人的一种物体的属性，与每个人的能力又密切相关[77]。认知科学家 Donald Arthur Norman 更强调一定情境下可以被知觉到可供性，提出

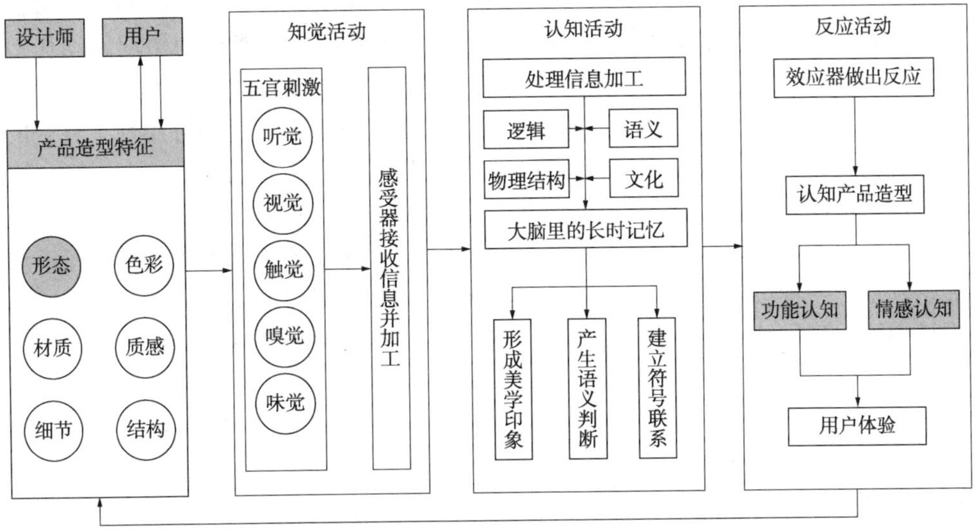


图 1-2 用户对产品造型的认知过程

可供性和物品属性之间存在密切联系，即可决定物品如何运用的基本属性，类似于形状、材质以及结构等。Norman 是将可供性引入产品设计领域的第一人，他对可供性的定义是基于人类感知周围事物的过往经验和知识[76]。Miaer 和 Fadel 将可供性概念的作用对象从原始含义的动物引申扩展到了非生命体的装置，为可供性概念在工程设计理论中的应用奠定了基础[78]。关于可供性的应用研究，大致分为在交互设计和产品设计两个方面的应用研究。

（1）应用于交互设计

Donald Arthur Norman 将可供性的概念应用于交互设计，包括图形-用户交互（Graphical User Interaction，GUI）和人-机交互（Human Computer Interaction，HCI）[79]。Vicente 强调用户交互数据来表明布局和显示结构[80]。Murakami 等人通过对一些简单形状的反复试验寻找用于产品设计的可供性特征，表明一些高、长、宽比例等几何特征与人的推、拉、转、撬等行为有着密切关系[81]。Warren 应用可供性来设计特定的用户和产品的关系，比如梯子的间隙高度[82]。Sahin E 分析可供性与形态构成元素的关系，同时将其运用到机器人控制中[83]。Jordant 通过建立具有可供性的地理模型，将地理位置整合到地理信息系统，生成良好的人机交互设计[84]。Ye 依靠现场实验活动，结合视觉观察以及经验感知，进而确认对应的可供性物体，通过数理统计分析物体可供性感知的影响因素[85]。Sherida 提到了不同形态特征物体的手部操作方式，将其应用于人机界面设计[86]。Chris 提出对人-物-环境系统中交互形式的理解挖掘可供性来设计“智能”物体，不仅可以感知它们是如何被使用的，还可以相互交流以形成共同的意图，并提供线索来鼓励它们特定的行为[87]。Jaya 通过实验发现儿童和日常物品的隐蔽可供性需要知觉运动协调，即手的动作和视觉感知相协调，才能达到预期的动作效果[88]。Chen 通过任务分析和可用性评估，确定了参与者对电饭煲组件的功能、操作行为和可操作性的可供性要求，进而评估了相应界面设计的可用性，良好的操作界面设计有助于提高用户行为准确性[89]。

（2）应用于产品设计

Ioannis Xenakis 提出体验美学包括用户对产品的交互可能性做出的情感反应表达，提出一种设计过程中交互美学与可供性相互作用和理论，他论述了在产品设计中融入可供性感知的观点，设计师需要构建产品中的交互可能性，激发用户的美学体验[90]。刘冠博从物理、感官、认知和功能 4 种可供性的视角，研究多个交互层级之中用户具体的反应，确认适老化交互界面的可供性[91]。赵芳华提出了应用可供性辅助进行满足用户本能层、行为层、反思层的产品设计方法[92]。顾蓉将可供性分为生态可供性、认知可供性、普遍性特质和潜在性观察四种类型，并应用于产品设计中[93]。Francesco Pucillo[94] 建立了用户体验与可供性的关系，提出了体验可供性的概念，将可供性进一步细化用于描述产品体验来辅助产品设计，避免设计出强加于用户的某些不需要的产品体验。Maier and Fadel 提出了基于可供性的设计方法（Affordance Based Design，ABD），可供性被分为积极可供性和消极可供性，介绍了可供性的定义方法，并采用 ASM（Affordance Structure Matrix，ASM）矩阵给产品可供性评估和打分，使用人工方法选择可供性物体元素并将其应用于产品创新和再设计[95]。Dhouha 提出了新产品的可供性设计感知量表（Perception Design Affordance Scale，PDAS），实验表明，新产品的可供性感知对产品质量和消费者的购买意愿有积极影响[96]。李永锋提出从人与环境的互动中设计要素设定人与产品的交互行为，以此引导用户行为[97]。Osiurak 探讨了人类工具使用的认知基础，通过实验心理学和神经心理学研究了参考框架、意图和动作域三个问题，验证了基于可供性方法与基于推理方法进行工具使用的有效性[98]。武春龙从功能维度倒逼功能结构图，从 Affordance 维度顺向 Affordance 功能结构图，从而完成了复杂度解耦，得到了改良功能结构图方法，解除了绘制过程中的思维混乱，提高了实用性[99]。宋红提出具有可供性的疫苗概念，建立了基于免疫遗传的产品形态设计方案[100]。Teng 将基于可供性的产品创新设计方法分为五步，包括行为观察、行为问题记录、物理特征模式识别、行为信息设计和信息命名[101]。李帅基于人的行为对产品可供性进行挖掘，提出行为的停顿、行为的可视化、自然行为关系三种产品设计策略[102]。

综上所述，以用户体验为中心的产品形态设计，可有效地提升产品可用性，实现产品交互设计的创新水平，提高概念设计的效率，成功解决产品形态设计面临的问题。基于可供性的产品形态设计立足于用户对产品的交互行为需求，从研究用户对产品的交互行为出发，从情感语义和可供性两方面，通过对产品形态元素的信息编码，将设计师、用户和产品之间的信息进行有效沟通和整合，尽量缩小用户和设计师之间对产品形态的认知差异，创造出满足用户可供性需求的产品形态方案。综上所述，本书将在研究可供性定义、可供性需求挖掘与产品形态设计理论与方法的基础上，对产品可供性、可供性物体等相关概念进行辨析，提出基于可供性的产品形态设计相关理论。从对产品可供性挖掘出发，以用户效用最大化为目标，通过对可供性的设计定义，将用户与可供性物体看作一个整体，通过用户行为姿势识别获得相应可供性物体，从中提取具有产品可供性的物体形态特征，形成系统有效的基于可供性的产品形态设计理论与方法体系，达到充分发掘用户行为的需求，提高产品形态概念设计的创新性、交互性，同时缩短产品形态设计的迭代时间。

## 1.3 面向可供性的产品形态设计方法存在的问题

通过分析研究现状可知，国内外对基于可供性的产品形态设计和可用性评价方面做了较大规模的分析，同时效果也较为明显，一些关键技术广泛运用到工程领域，但是由于目前产品可供性分类繁杂、分类方法不一致，导致可供性形态特征智能化应用水平较低，在可供性物体获取与应用的研究过程中，目前有待研究以下问题。

(1) 缺乏明确的交互行为与产品可供性的映射分析

现实物体蕴含着丰富的交互信息，面对产品可供性需要，缺乏明确的交互行为与产品可供性的映射关系。而交互行为有别于产品功能和用户情感，由于交互行为具有隐蔽性、模糊性、自适应性的特点，需要对用户体验中的人机关系进一步理解，对行为目标与行为关系深入分析，才能将细致的交互行为表达为产品可供性。因此，如何建立交互行为和产品可供性的映射关系是基于可供性产品形态设计需要解决的首要问题。

(2) 可供性物体的造型特征信息尚未被充分利用

可供性物体的形态、结构、材质以及色彩等数据未能获得理想的开发，怎样有效开发、获取物体可供性信息，是产品形态设计的基础问题。

(3) 欠缺利用产品可供性需求开展智能产品形态设计的方法

①依据设计师的经验判断或偶然灵感自定义产品可供性需求，然后通过人工定义、筛选将可供性元素运用到相关的形态设计中，难以满足智能以及敏捷化的

设计需求；②将形态特征与情感语义具体映射，产品形态不能同时具有功能认知和情感语义认知；③当前依靠固定的产品功能部件来设计形态方案，有碍开放产品形态设计的创新环境。此类方法不够系统、深入和智能化，制约了产品形态设计的水平，同时，工程应用不够系统化、科学化、智能化，导致产品的用户体验不全面、不准确。

(4) 缺少产品可用性预评价以缩短产品研发周期，提高产品形态设计效率

面向可供性的产品形态设计方法目标是基于可供性进行产品形态设计，提高产品形态交互界面的可用性。产品形态设计和开发是迭代的过程，一般要求“设计-测试-评估-再设计”的过程，当前运用设计原型或者产品进行操作，依靠观察以及记录等方式确认详细行为与数据开展可供性评估，难以满足设计高效的需求。整体考虑虚拟现实技术的仿真、建模等设计思维，在虚拟环境中模拟具体运用程序以及人机交互，判断形态设计方案的易用性、有效性以及满意度，可填补传统可用性评价方法耗时长等缺点，缩减整体的设计周期，进而有效控制设计失败导致的损失。所以产品形态设计初期引入虚拟现实技术进行可用性评估具有深远的意义。

基于上述问题，本书围绕面向可供性的产品形态设计方法关键技术展开研究，以产品可供性需求为导向，以提高产品可用性为目标，预先基于交互行为需求挖掘产品可供性需求，发现可供性物体蕴含的线条、比例、尺度等可供性形态特征信息，为产品形态智能设计与可用性评估提供有效支持。

# 2 面向可供性的产品形态设计方法体系

产品形态作为产品及其功能的媒介，通过设计、制造被呈现在用户面前，以满足产品功能和用户交互的需求，是产品内在品质、结构等因素的外在表征，产品形态的优劣直接影响产品的销售和用户的体验。

目前，产品形态设计已成为获取用户交互需求的一种重要的设计策略，产品形态可供性设计对于凸显产品用户体验的差异性、提高用户对产品的交互行为认知具有重要作用。大多数的研究对交互行为需求的挖掘尚显不足，对可供性形态元素挖掘方法缺乏智能方面的分析和探讨，对可供性形态元素的融合创新方法研究不够，面向可供性的产品形态设计理论方法还需要进一步深入研究。

本章首先介绍相关面向可供性的产品的基本概念，并以交互行为需求为导向挖掘产品可供性需求，提出基于手势识别技术的可供性物体获取方法、基于可供性的产品形态融合创新设计方法和基于虚拟交互和实物交互的产品可用性评价方法，最终建立面向可供性的产品形态设计方法体系。

## 2.1 基本概念

### 2.1.1 产品基本要素

本书研究的是用户驱动型产品(简称产品)，指用于商业用途的各种人造物，包括产品基因、产品体和产品造型等三个要素。

(1) 产品基因

基因是具有遗传效应的 DNA 片段，在生物学中，是存在于细胞染色体上用于生物遗传的基本单位，以遗传和变异的方式保证同种生物世代性状之间的稳定性和变异性。类似地，在产品形态设计过程中，其按照一定规律从上一代传递给下一代，后一代产品既遗传继承前一代产品的特性，又变异创新与前一代产品有所不同。这种参照生物遗传和变异的方式传递产品的遗传信息，称为产品基因。产品基因决定了产品的外在性状，且产品的外在性状通过产品基因以实现继承和遗传。产品基因依据产品造型元素，分为科学基因、美学基因、文化基因、环境基因、人机工程学基因、交互基因等。

① 科学基因：指与产品尺寸、功能、结构等相关基因的集合，涵盖了机械工程学、力学、电工学、材料学等相关学科的基因元素。

② 美学基因：指产品所拥有的美学元素，包括艺术学、构成学、色彩学、语义学等相关学科的基因元素。

③ 文化基因：指产品的文化内涵基因，如宗教、语言学、历史学、文化学等学科的基因元素。

④ 环境基因：指产品包含对环境因素的考量，如环境经济学、环境生态学、环境物理学等方面的基因元素。

⑤ 人机工程学基因：指产品所体现的人机工程学因素，包括人体测量学、人体力学、人体生理学、人体心理学等方面的基因元素。

⑥ 交互基因：指产品所表达人机行为关系，包括功能、结构、形态、色彩等方面的基因元素。

(2) 产品体

产品体是产品实现功能的物质承载，是产品的物质组成部分。产品体包括内部载体和外部载体。内部载体承载着产品的结构和功能元件；外部载体承载着产品的外观造型，包括产品的形态、色彩、材料等。

(3) 产品造型

产品造型是可被感知的产品形态、颜色、材质等属性特征的集合，由产品的形态基因、色彩基因、材质基因等共同表达和共同作用决定。

## 2.1.2 产品可供性

依据 1.2.5 小节中的可供性理论，Maier 和 Fidel 将可供性概念相关对象从原始含义的动物引申发展至相应的非生命体设备，结合 Gibson 的原始定义和 Maier/Fidel 的扩展，在以用户为中心的产品设计中，产品是用户在环境中交互使用的，产品形状、重量、色彩、材质等是具有被感知的属性特征集合，产品可供性则是交互中用户可感知到的产品提供的行为可能，如：推、安全等。依据 Maier 提出的可供性分类，产品可供性分为：AUA(Artifact-User Affordance，AUA)产品可供性和 AAA(Artifact-Artifact Affordance，AAA)产品可供性。为了简化研究，本文将 AUA 产品可供性和 AAA 产品可供性统称为产品可供性(简写为 AFF)，如图 2-1 所示。

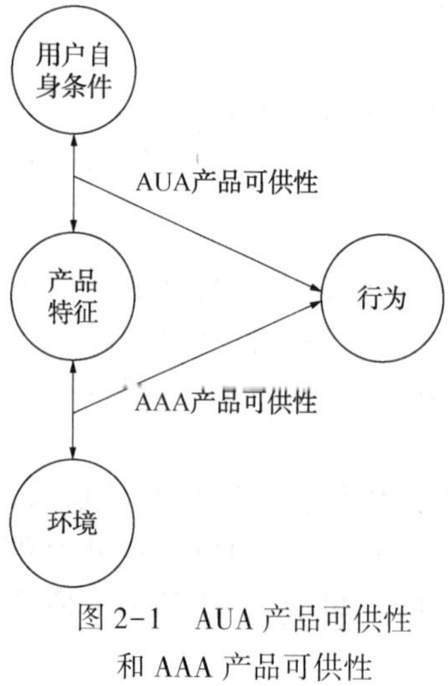


图 2-1 AUA 产品可供性和 AAA 产品可供性

通常情况下，同一类产品由若干个具有内在联系的产品可供性共同组成，是满足产品与用户、产品与环境之间所有交互行为关系的产品可供性集合 $AFF$，即：

$$AFF=\{aff_1, aff_2, \cdots, aff_k\} \tag{2-1}$$

式中 $k$——产品可供性集合总量。

### 2.1.3 产品可供性物体

产品可供性物体是满足具有相应产品可供性的现实物体(包括人工的或自然的)。用户在实现物体功能以完成任务时，在对物体的行为需求是基于个人认知的，所以，用户对物体的行为判断受到用户内在认知因素的影响，具有潜意识性、自适应性和习惯性。

在面向可供性的产品形态设计中，可供性物体提供着强烈的与人的行为有关的信息，将可供性物体形态转移到产品形态，是设计创新的关键。因此，产品可供性物体不应局限于产品领域本身，应从更为广泛的现实物体领域中进行分析和挖掘，从而有助于较为全面地发现反映用户-产品之间的行为关系的可供性物体，形成具有相应产品可供性的物体集合 $O(aff_i)$，即：

$$O(aff_i)=\{o_1(aff_i), o_2(aff_i), \cdots, o_p(aff_i)\} \tag{2-2}$$

式中 $i$——产品可供性样本下标；

$p$——具有第 $i$ 个产品可供性的物体总量。

## 2.2 产品可供性需求挖掘

产品可供性是用户、产品、环境三个系统间发生的潜在行为，指的是用户在产品-用户交互和产品-环境交互中能够感知相关的交互行为。现代产品设计的目标是良好的用户体验，其有效途径就是产品设计中注重人机交互方面的设计。

因此，基于用户体验进一步挖掘和处理人-产品-环境之间的交互行为，获取全面、准确和具体的产品可供性，明确用户对产品可供性需求和期望，是产品设计过程中具有决定性的第一步。

### 2.2.1 用户体验和交互行为分类

(1) 用户体验

用户体验主要来自人与产品的交互过程中行为、情感等方面所有的用户心理体验和期望。罗仕鉴依据马斯洛需求层次理论提出了用户体验的五个需求层次，即感觉、交互、情感、社会以及自我需求[103]。五个需求层次由低级到高级逐级递进；同时，人机关系也随体验需求逐层增高，分别是物理层体验、认知层体验、感性层体验，如图 2-2 所示。

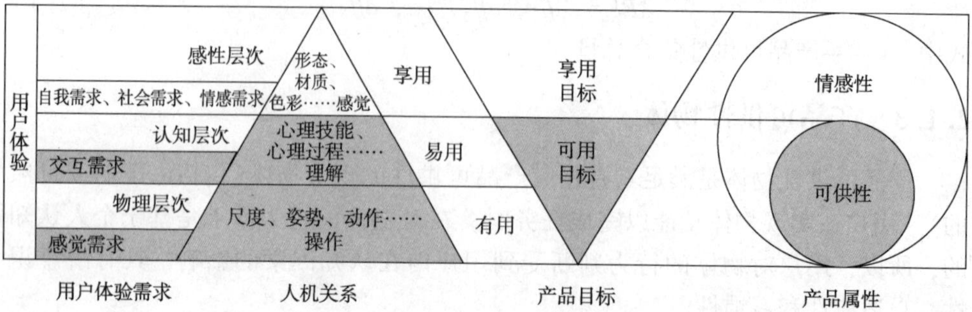


图 2-2　用户体验中的人机交互关系

① 物理层次体验

感觉是用户体验的第一步，即人开展操作的相关活动，更为侧重于考虑操作者实际的心理以及生理特征，类似于把手、按键外观等，是用户对产品的五官感觉，包括视觉、听觉、触觉和味觉等。因此产品可以通过突出感官特征，增强用户与产品互相交流的感觉，比如光滑、旋转、对称、抬等，使其容易被感知，创造良好有用的用户体验，进而影响产品的有用程度。

② 认知层体验

认知层体验主要是指人接触产品形态、色彩、材质时的认知以及信息处理过程，更多关注认知过程的心理特性，类似于心理、用户模型的人机关系。关注的是交互过程中用户是否可以简单地完成他们的任务，强调产品在满足这些功能时的容易程度，影响产品的易用性，包括完成任务的时间、效率。

③ 感性层体验

感性层体验主要是指人通过意向产品的形态、材质、色彩、声音等获得产品"享用"的感性体验，侧重于相关情感活动的心理特征、确认相关意象活动具体的心理感知，强调的是人机关系过程中所产生的用户情感需求、自我需求和社会需求，涉及情感、文化、吸引、感动和有趣等深刻内涵，是最高境界的人机关系，如：汽车的驾驶感和操作感、温馨、品味、呵护、沉稳、速度、舒适、运动。

良好的用户体验需要满足良好的人机交互关系，因此，产品设计需要实现从低到高三个设计目标，即有用、易用和享用设计目标。其中，产品的有用和易用设计构成了产品可用性设计目标，它关注人机交互过程中用户容易感知产品提供的行为，用户能够轻松完成任务，强调产品实现功能的容易程度。从认知心理学角度看，被人知觉到的产品可供性程度是产品可用性目标的决定因素之一。因此面向可供性进行产品形态设计，可以达到产品可用性设计目标。

(2) 交互行为分类

基于上述用户体验下人机交互关系的分析，进一步结合 Norman 的行为分析方法[27]，用户在人机交互关系中的行为从抽象到具体依次为：目的行为、意图行为和操作行为三种。

① 目的行为

目的行为是用户心理技能和心理模型，依次引发用户意图行为和操作行为，它是用户意图行为规划的结果，是一种表达目的的抽象行为，比如：照明、稳定、提供动力等。

② 意图行为

用户行为意图是对目的行为的意图规划，是操作行为产生的行为效果，是一种表达效果的比较抽象的行为，比如：开灯、点蜡烛、拉开窗帘、手柄控制、屏幕显示等。

③ 操作行为

操作行为是用户动机目标下产生的最具体的交互行为，通过直接感知、意向产品的形态和材质等因素做出的操作行为，构成了用户的感觉需求。用户通过具体的操作行为完成意图行为，如：坐下、按压开关、跺脚、滚动、插入等操作行为，从而获得开灯的意图行为。

依据 Hassenzahl 提出的不同的行为源于不同的目标，行为目标从抽象到具体依次为一般目标、行为目标和动机目标三种[104]，同时，用户在不同的交互模式下感受到不同的用户体验，交互模式包括自源交互模式和目标交互模式。在自源交互模式下，用户行为源于一般目标，即交互行为的同时更关注行为带来的心理愉悦感知，如用户获得愉悦、自由感等，是更高级的交互模式；而在目标交互模式下，用户行为源于行为目标和动机目标，行为目标下更加关注目的和意图效果的行为，动机目标下产生操作行为。

结合用户体验中人机关系，三种交互行为只有与行为目标明晰一致，才能够有效减少操作行为、意图行为和目的行为的差距，避免交互行为之间的鸿沟，减少误操作，满足物理层次、认知层次以及感性层次相对流畅、易用的体验。综上所述，通过以上用户体验中交互行为的分析，全面、细致表达了产品可供性分类，如表 2-1 和图 2-3 所示。

**表 2-1　交互行为分类与产品可供性分类**

| 交互行为 | 产品可供性 | 描述 | 用户感知所需信息 | 举例 |
|---|---|---|---|---|
| 目的行为 | 产品目的可供性 | 给用户提供产品目的行为的可能性，建立用户对产品的心理模型(抽象) | 设计师提供使用规划、使用因果关系、用户模型方面的信息 | 敲字、发送信息、照明 |

续表

| 交互行为 | 产品可供性 | 描述 | 用户感知所需信息 | 举例 |
|---|---|---|---|---|
| 意图行为 | 产品意图可供性 | 给用户提供产品操作行为效果的可能性 | 用户的学习和理解，相关文化象征等知识有助于效果可供性的感知 | 菜单选择、控制轮胎、加速制动 |
| 操作行为 | 产品操作可供性 | 给用户提供产品具体操作行为的可能性 | 可直接感知的产品形态、色彩、材料等信息 | 转动、移动、按压、滑动、脚踏 |

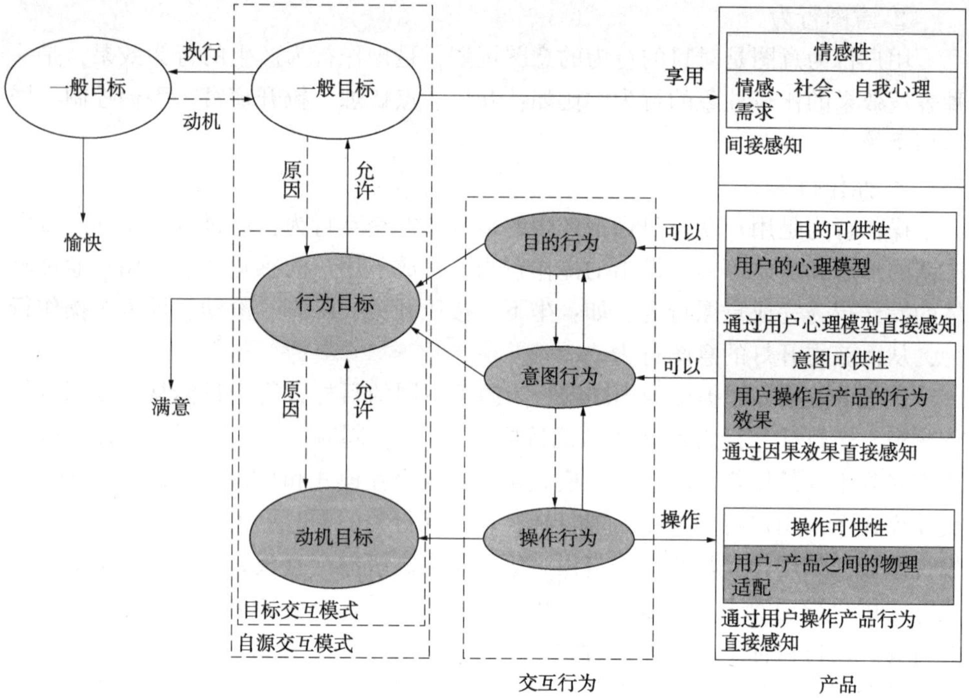


图 2-3　基于交互行为的产品可供性分类

## 2.2.2　基于交互行为需求的产品可供性需求挖掘与处理

交互行为需求表达了产品-用户、产品-产品之间所期望的所有交互行为可能，即产品可供性需求，具有复杂、隐蔽、多面的特点。其获取需要将实验法、观察法与计算机模拟等方法相结合，将微观研究与宏观分析相结合，将定性研究与定量研究相结合。交互行为需求的挖掘和处理方法，其目的就是深入理解用户-产品-环境系统中用户完成任务时最为习惯的行为方式和交互问题，更加全面、有效地挖掘交互行为需求。在这里，用户可能不是最终用户，而可能是产品生命周期内的任何人，包括设计师、生产者、销售人员、最终用户、维修人员、回收人员等。

用户使用产品的主要目标是尽可能高效地完成任务，他们在各自的知识和经验的基础上构建相应的思维模式，若是产品形态设计和用户思维模式之间的整合，用户仅仅需要耗费较为短暂的时间即可理解、认知产品提供的目的行为、意图行为和操作行为，实现较为快速与便捷地使用产品，以达到提升产品可用性目标。

任务分析的关心焦点是人们的思维模式，因此，本书应用任务分析的设计心理学实验研究方法探测用户如何与产品产生交互行为，有助于更加全面、有效地挖掘交互行为需求。研究方法包括：观察法、访谈法、有声思维法、情景分析法、问卷调查法[105]。通过任务分析法提取交互行为特征的需求词汇，交互行为需求多以动词表述，需求多而复杂，直接分析难度较大，需要用因子分析法、口语分析法等方法降低用户交互行为需求空间的维度，将其归纳为少数相互独立的几个产品可供性需求进行分析，为设计师提供准确的形态设计依据。交互行为需求挖掘和处理方法如图 2-4 所示。

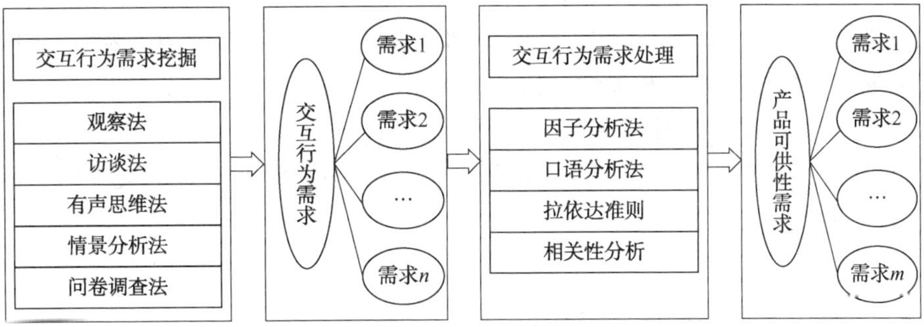


图 2-4 基于交互行为需求的产品可供性需求挖掘与处理方法

基于交互行为需求的产品可供性需求挖掘和处理，具体过程可以分为五步，分别为：确定产品的用户群体、确定产品的用户任务、挖掘交互行为需求、处理交互行为需求和表达产品可供性需求。

（1）确定产品的用户群体

确定用户群体不仅要确定产品的用户人群，更要从以下几个方面对用户的相关信息具体化：①用户信息，包括生活方式特征、消费能力等；②使用环境，包括使用场合、使用特点等；③使用情景，包括用户最常用该产品做什么、对不同功能的使用频率等；④使用体验，包括对产品的好恶、意见、期望等。通过这些信息的明确，将用户的信息有效组织起来，并分析其可能接触到的物体，作为下一步获取产品可供性物体的参考。

(2) 确定产品的用户任务

用户任务是用户某项作业行为或者过程，用户任务分析是用户为了完成产品不同功能所采取的有目的的行为过程，用若干用户任务组成。依据具体设计目标，基于产品功能使用频率的调查结果确定用户任务。

(3) 挖掘交互行为需求

在用户任务确定后，由经验设计师应用任务分析方法，结合观察法，通过网络、书刊等各种渠道广泛挖掘、搜集用户任务中交互行为需求样本，交互行为需求样本体现了产品-用户-环境行为需求，既能够体现市场性，又能反映流行趋势，通过行为分析法和口语分析法，从目的行为、意图行为和操作行为角度分析、挖掘交互行为需求词汇。

(4) 处理交互行为需求

引入模糊语气算子来分析交互行为需求是否能够提升产品的交互行为能力？模糊语气算子以 $H_\lambda$ 表示，当 $\lambda \geqslant 1$ 时为集中运算子，有强化功能，表示交互样本的应用能够提升产品的交互行为能力；当 $0<\lambda<1$ 时为散漫运算子，有弱化功能，表示交互样本的应用会降低产品的交互行为能力。如对于模糊语气算子 $H_\lambda$，$H_2$ 表示“能够提高”，$H_4$ 表示“很能提高”，$H_{1/2}$ 表示“略微降低”，$H_{1/4}$ 表示“大幅降低”，通过拉依达准则、相关性分析筛选交互行为需求。

(5) 表达产品可供性需求

将筛选、处理后的表达产品-用户、产品-产品之间所期望的交互行为需求词汇转化为产品可供性需求。

## 2.3 产品可供性物体获取

基于 2.1.2 小节，一方面，用户对物体形态的感知，即从记忆的知识和经验中与现实物体建立可供性行为的可能性；另一方面，现实生活中，用户通过对物体形态的感知具有自适应和潜意识的特点，物体的形态特征决定了用户对物体的操作行为与方式，人与物体交互行为下会采用不同的自适应性行为，可供性物体的来源领域包括人们周围存在众多可以通过视觉、触觉等直接感受的大量人造物体和自然物体(统称现实物体)的现实形态，如表 2-2 所示。

可供性物体的选择标准：①日常生活中常用的人工制品与非人工制品；②在用户场景中与人体行为有潜在的使用可能，如图 2-5 所示“提供握”的可供性物体。

**表 2-2 可供性物体的来源、分类及其形态特点**

| 物体来源及分类 | | 物体形态分类 | 物体形态特点 | 感知特点 |
|---|---|---|---|---|
| 现实物体 | 自然物体：自然界中物体，如树叶、果实、石头等 | 自然形态 | 现实形态 | 可以通过视觉、触觉等直接感知 |
| | 人工物体：人工制造的物体，如手机、耳机、拐棍等 | 人造形态 | 现实形态 | 可以通过视觉、触觉等直接感受 |

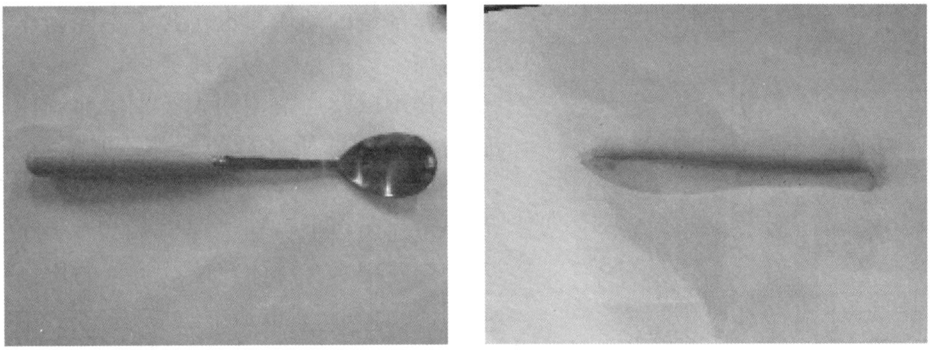

图 2-5 “提供握”的可供性物体

## 2.3.1 可供性物体筛选

可供性物体是满足具有相应产品可供性的人工或自然的现实物体，通过对可供性物体样本建立 Likert 五级量表{1—无可供，2—稍微可供，3—相关可供，4—较为可供，5—十分可供}，用户在自然状态下感知物体，并对物体进行可供性程度打分 $a$，多个用户和多个物体的可供性程度打分可以通过二维矩阵 $A$ 描述，即：

$$\boldsymbol{A}=\begin{bmatrix} a_{1,1} & a_{1,2} & \cdots & a_{1,n} \\ a_{2,1} & a_{2,2} & \cdots & a_{2,n} \\ \cdots & \cdots & a_{i,j} & \cdots \\ a_{m,1} & a_{m,2} & \cdots & a_{m,n} \end{bmatrix} \tag{2-3}$$

式中 $A$——物体的可供性程度集合；

$i$——用户编号，$i=1, 2, \cdots, m$；

$j$——物体样本编号，且 $j=1, 2, \cdots, n$；

$a_{i,j}$——第 $i$ 个用户对第 $j$ 个可供性物体的可供性程度打分。

然后，分别计算第 $j$ 个物体样本的期望值 $\overline{a_{i,j}}$ 和标准差 $\sigma$：

$$\overline{a_{i,j}}=\frac{1}{m}\cdot\sum_{i=1}^{m}a_{i,j} \tag{2-4}$$

$$\sigma = \sqrt{\frac{1}{m-1} \cdot \sum_{i=1}^{m} (\overline{a_{i,j}} - a_{i,j})^2} \tag{2-5}$$

根据拉依达准则，将满足 $|\overline{a_{i,j}} - a_{i,j}| > 3\sigma$ 的物体样本予以剔除。

### 2.3.2 基于手势识别技术的可供性物体获取

用户-物体的交互中，依据具体礼仪及习惯等人体姿势有所区别，人体姿势是涉及行为信息的相关人体部位，比如半蹲、斜靠、兰花手指等。人体姿势包含了躯体部位的动作，也包含了不同动作下的身体姿势信息。人体姿势可进一步划分为操作型以及通信型两大类别。前者代表针对特定物体所进行的操作，如推箱子；后者则是以姿势为交互的基础工具，如手语。董建明根据调研总结，做出了用户-产品交互中所有身体部位及组合的比例分布图[106]，如图 2-6 所示，其中，手、手指动作交互显著多于其他身体部位，现代产品中手部交互的操作行为居多。为了简化研究，本书选择用户手部操作为例开展研究，它通过与物体的自适应配合完成动作。

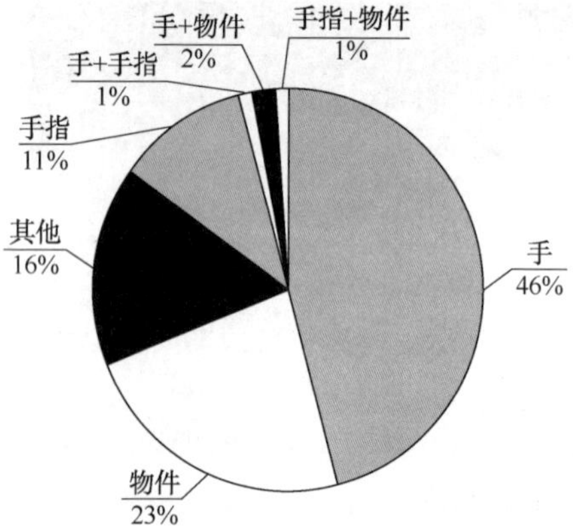


图 2-6　用户-产品交互所用身体部位及组合的比例分布

依据产品可供性需求，基于手势识别技术的可供性物体获取就是寻找发现可供性物体中具有较高可供性的形态特征与最佳手势的映射，以便对产品形态有针对性地设计。用户的行为手势繁多，交互行为受到环境、光线、遮挡等影响，手势识别技术的选择能够影响物体可供性识别的准确和质量。

(1) 手势识别技术

手势识别指追踪、识别、表示手势以及将其转变为语义方面有意义的命令过程。通常而言，依据手势交互信息采集的接触模式可划分为下述两个类别。

① 接触式传感器的手势识别

2014 年，薛姣[110]等充分考虑了用户认知和行为习惯差异，基于触摸手势元动作分析和触摸手势分类，获得遥控系统的触摸手势识别算法，平均识别准确率达到 99%。2015 年，对数据手套采集的手部运动数据构建出手势库，并提取每一种手势的手形特征，应用特征点集模板匹配方法进行静态手势识别，正确率为 98.9%[107]。2017 年，王琳琳[109]等提出了基于 CDTW 算法的样本聚类训练方法，测试手势序列只与主轴相同的模板进行匹配的主轴分类思想以及压缩降维的方法，高效、高质量地提高了算法识别率，精准率是 96.7%。2020 年，刘璇恒[108]

等人提出了一种基于加速度计和陀螺仪传感器数据的深度学习框架，完成了高精度的手势分类，精准率达到了 99.2%。

② 非接触式传感器的手势识别

2002 年，Bretzner[111]等将手部姿势以尺度、位置和方向多尺度彩色图像特征的层次结构表示，在每个图像中执行多尺度颜色特征检测，然后使用粒子过滤检测和跟踪手部状态。2010 年，沙亮[112]等以无标记全手势视觉的方案进行交互处理，设计了一种应用通用摄像头的车载手势视觉交互系统，复杂环境下的识别率是 80%。2015 年，姜克[113]等运用 Kinect 在深度图像基础上的 3D 手势识别，识别率是 76.6%。

基于视觉的手势识别系统方案包括三个基本阶段：检测、跟踪以及识别。结合国内外的相关分析，以视觉为基础的手势识别技术[114]如图 2-7 所示。手势识别的最终目标即确认手的位置、姿势或者手势传递的具体语义，为测定手的具体姿势，可运用通用分类器或者模板匹配器加以处理[115]，其中动态手势识别最终可转化为静态手势识别[116]。

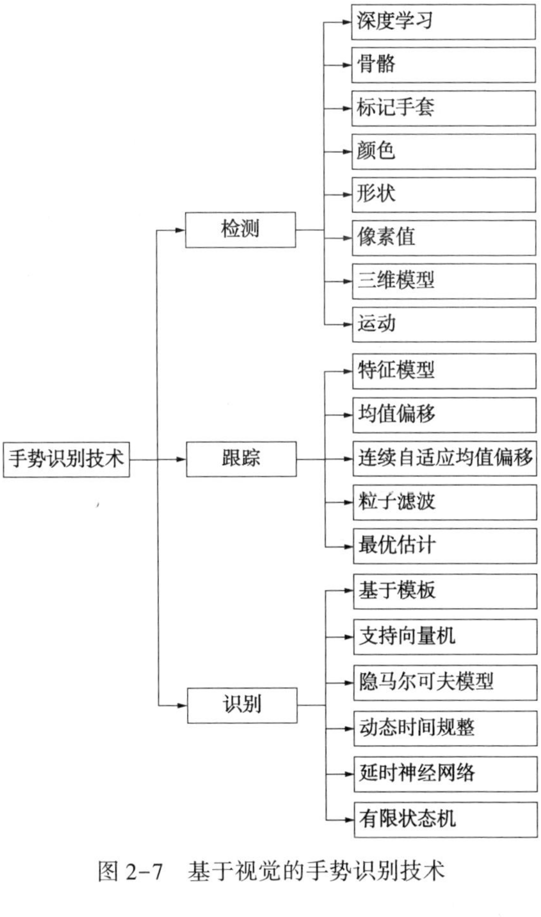


图 2-7 基于视觉的手势识别技术

(2) 基于 Leap Motion 技术的可供性物体获取

综合上述手势识别技术分析，由于 Leap Motion 的采集实际运用了非接触的测量方案，便捷获取场景内的具体手势，同时实际取用的场景避免物体色彩、纹理与光线等影响，因此，本文选用 Leap Motion 技术进一步开展物体可供性识别，进而获取可供性物体，最后建立可供性物体库，具体方法如图 2-8 所示。

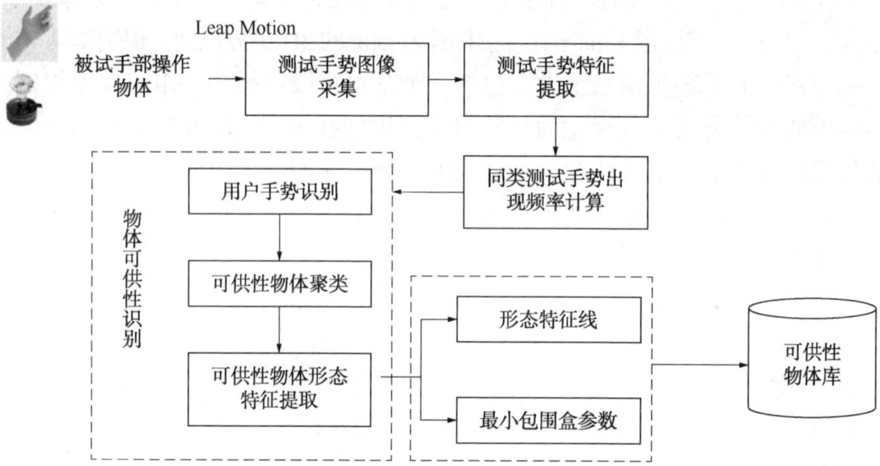


图 2-8　基于 Leap Motion 的可供性物体获取系统框架

对 2. 3. 1 小节中初步筛选的可供性物体。首先，利用 Leap Motion 摄像头采集用户-物体的交互手势，经过手势特征提取获取手势信息；其次，通过计算同类测试手势出现频率测试物体可供性，以确定用户手势与可供性物体，聚类可供性物体；最后，提取可供性物体形态特征的特征线和最小包围盒参数(长/宽/高)，建立产品可供性下的用户手势-可供性物体的数据库。

# 2. 4　基于可供性的产品形态融合创新设计

## 2. 4. 1　产品形态属性

依据 2. 1. 1 小节中分析，产品形态是可以被用户感知的属性特征集合，形态为相应的功能载体，可有效传递用户-产品、产品-环境的具体行为关系，依靠该方式来影响对于产品功能的具体判断，如：锤子可以提供压、提供砸。为确保较为理想地协调产品形态、功能以及情感表达，从识别的视角来分析用户对产品形态所产生的视觉刺激，核心构成为行为表现以及情感表达的两大层次。行为表现构成相应的显性因素，归入到产品形态的物质层，可依靠形态设计提升其操作行为等可供性认知；而情感表达归属于隐性元素，其核心构成为自我形象以及情感等，归入到产品形态的非物质层范畴。

因此，本书通过产品形态表达可供性属性和情感语义属性，进而表述相应的行为层和情感层两大维度的基本需要，引导相关的行为操作以及情感体验，进一步提升整体的用户体验。优秀的产品形态是这两类属性密切整合的表现，产品形态属性的层次模型如图 2-9 所示。

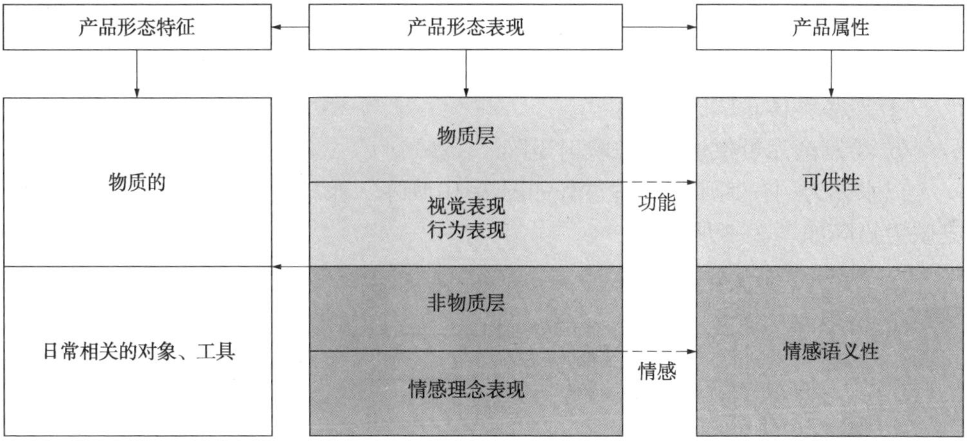


图 2-9　良好用户体验的产品形态属性模型

## 2.4.2　产品形态构成分解

为了实现产品与产品可供性物体的形态融合创新设计，需要对产品进行形态分解，其分解形式包括以下两种。

(1) 形态的完全分解

形态的完全分解的基本结果即分解为多个形态的具体曲线。完全分解方式，会伴随复杂状况增长而大幅度增长，对简易产品也有较为理想的适用性，复杂产品则会导致相对较多的计算量。如对于简单的回转体型产品，其形态仅由一个部件构成，完全分解后可由一条形态曲线描述；但对于多部件产品，每个部件均可分解为几条甚至数十条形态曲线，最终得到的产品形态曲线数量庞大，形态融合创新设计过程中可应用性较差。

(2) 形态的不完全分解

目前对于产品形态意向感知的研究多立足于对产品形态的不完全分解，分析产品形态曲线与用户之间的关系，其分解方法主要依据研究人员的经验，缺乏客观性。同时，根据完形心理学的观点，部分的整合并不等于整体的感知，产品的形态意象感知是一体呈现的[117,118]，将产品形态特征从整体中分裂出来会割裂整体与部分的关系。对此，为了既能体现产品的整体形态意象，又能反映局部的形态特征，同时，为了实现可供性物体形态与产品形态融合创新，本书建立基于产品形态可供性配置图的形态不完全分解方法，基于产品可供性需求对形态进行不完全分解，表达产品可供性与形态特征线之间的映射关系，用(+)表示。其分解步骤如下：

① 依据产品功能需求和可供性需求，分解其形态可供性分区；

② 绘制产品形态可供性配置图；

③ 可供性分区形态特征线提取；

④ 产品整体轮廓线提取；

⑤ 绘制产品可供性-形态映射矩阵。

以水杯为例，其形态分解过程如图 2-10 所示，形态分解后的水杯可供性-形态映射矩阵如表 2-3 所示。

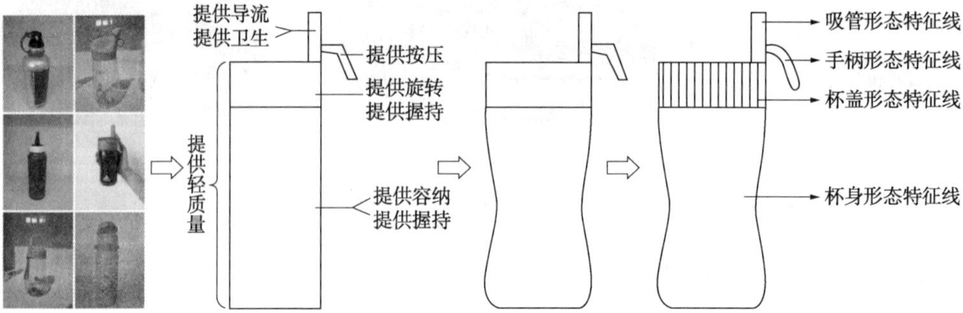


图 2-10　水杯形态分解过程

**表 2-3　水杯可供性-形态映射矩阵**

| 产品 | | 水杯形态特征线 | | |
| --- | --- | --- | --- | --- |
| | | 杯身 | 杯盖 | 开关 |
| 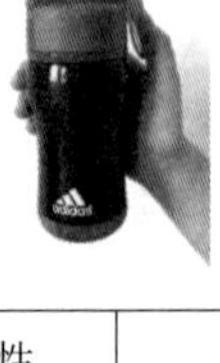 | | 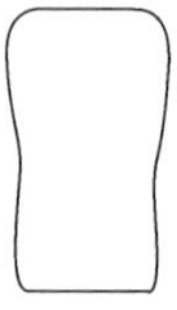 |  |  |
| 水杯可供性需求 *AFF* | 握持 | (+) | | |
| | 卫生 | | (+) | (+) |

续表

| | | | | |
|---|---|---|---|---|
| 水杯可供性需求 *AFF* | 质量轻 | (+) | (+) | |
| | 按压 | | | (+) |
| | 导流 | | | (+) |
| | 容纳 | (+) | | |

### 2.4.3 产品可供性物体形态与产品形态的融合设计

根据上述产品的关键形态特征线获取方法，获取与产品可供性一致的产品可供性物体形态特征线。假设产品形态特征线集合为 $C_T$，第 $j$ 个产品可供性中有 $m$ 个产品可供性物体，每个可供性物体有 $V_{i,n}$ 个产品可供性形态特征线，则第 $j$ 个产品可供性的第 $i$ 个可供性物体形态特征线集合 $C_i(aff_j)$ 为：

$$C_i(aff_j)=\{V_{i,1},\ V_{i,2},\ \cdots,\ V_{i,n}\} \tag{2-6}$$

式中 $i$——产品可供性物体编号，且 $i=1,\ 2,\ \cdots,\ m$；

$V_{i,n}$——第 $i$ 个产品可供性物体的形态特征线。

则经过形态融合创新生成的产品形态方案集合 $P_i$ 为：

$$P_i=G\{C_T,\ C_i\} \tag{2-7}$$

式中 $G\{C_T,\ C_i\}$——形态特征线融合算法。

为了继承产品可供性物体的形态特征元素，可采用组合原理、遗传算法、免疫原理方法实现产品可供性物体形态与产品形态的融合设计。

(1) 组合原理

将通过对目标产品进行形态分解，以形态元素加减组合和布尔运算的方式实现产品形态设计。

(2) 遗传算法

在产品形态设计中引入遗传算法是为了实现产品形态方案的快速、自动化迭代优化。首先通过随机方法生成若干产品的初始形态，然后对产品的初始形态进行二进制编码，生成产品种群方案，通过神经网络等智能化方法进行方案的自主评价，最终通过持续迭代得到产品形态设计方案。

(3) 免疫原理

将产品可供性物体形态元素作为形态衍生单元，以免疫遗传算法、疫苗接种、自适应策略、基于亲和度选择等方法实现产品形态元素快速衍生，从而获得具有创新性的产品形态设计方案，有助于使产品有效继承产品可供性物体的形态特征。

# 2.5 基于虚拟交互和实物交互的产品可用性评价

## 2.5.1 基于虚拟交互和实物交互的产品可用性评价方法

随着智能产品越来越多，产品在与用户交互场景中，用户将视觉、触觉以及听觉等进行整合，产品则是通过形态、色彩以及限制等多种界面完成引导，进而帮助用户更为满意与高效地完成任务[5,119]，交互的产品已不再囿于计算机科学领域的软件产品，正向有形的实体产品设计领域渗透，由此产品交互界面包括实体交互界面和人机交互界面，而产品可用性是产品交互界面质量的关键评价指标。

其中形态作为产品的实体交互界面直接影响产品可用性。面向可供性的产品形态设计提升表达了产品的行为关系，有助于提升产品可用性，因此基于虚拟交互和实物交互的产品可用性评价方法是在不同阶段评估产品形态方案的可用性问题，以快速、全面检验概念方案和产品方案的可供性设计，有助于提高产品形态设计效率和质量。在产品形态概念设计阶段，基于虚拟交互的产品可用性评价快速预估概念方案，对概念形态方案初步筛选；在产品形态后期设计阶段，基于实物交互的产品可用性评价能够精准、全面评估产品形态方案，确定最终形态方案，基于虚拟交互和实物交互的产品可用性评价流程，如图 2-11 所示。

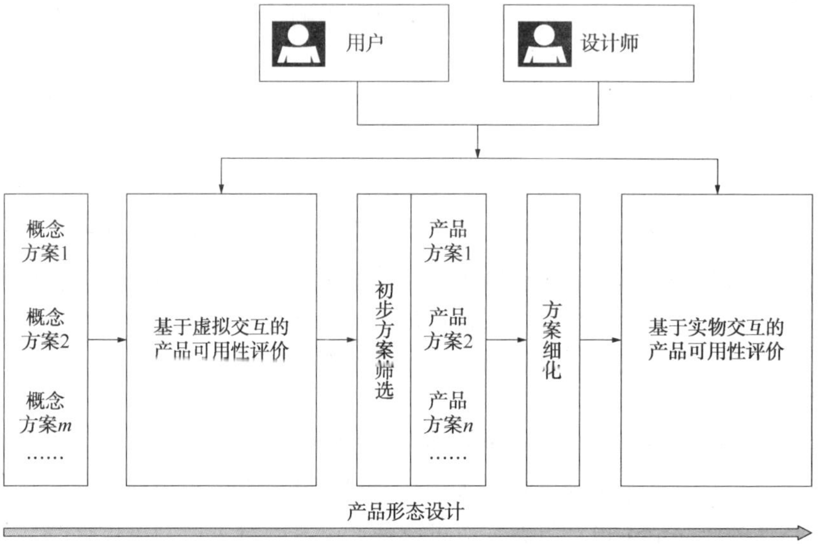


图 2-11 基于虚拟交互和实物交互的产品可用性评价流程

## 2.5.2 评价指标体系建立

指标体系建立的方法有两类[120]：专家主观评定和比较判定法及数据统计分析法。其中前者主要依据专家经验知识来确定指标的被评价对象；后者适用于具有定量指标的被评价对象。依据 1.2.1 小节中产品可用性定义，产品可用性主要宗旨就是降低用户的操作时间，同时提升整体的操作效率，有效降低交互过程中出现错误的次数，同时有效加深产品可用程度，本研究将产品可用性评价指标划分为主观感知和行为绩效两个子目标层面，进而形成总目标层、子目标层和指标层三个层次模糊评价指标体系，如图 2-12 所示。

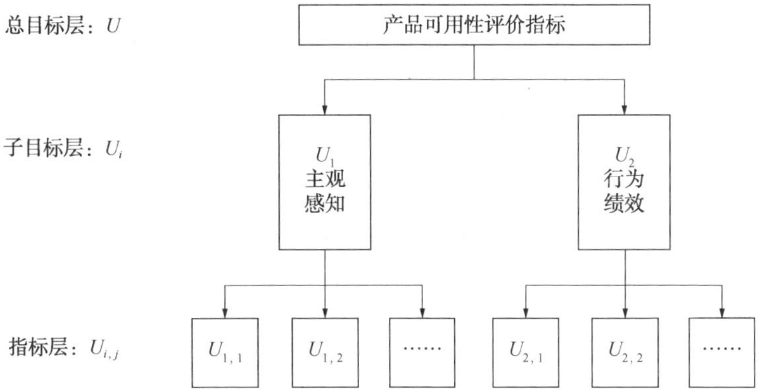


图 2-12 产品可用性评价指标体系

以水杯产品为例，结合水杯工效学评价因素[121]，通过可用性调查问卷，有效问卷 53 份，以操作快捷、拿放稳定、操作流畅、握持舒适、携带方便、安全、卫生等 7 项内容作为感知可用性的评价指标，行为绩效指标通过完成开启水时间和封水时间 2 个客观指标来评价，由此形成水杯产品可用性评价体系，如图 2-13 所示。

使用模糊评价法进行统计计算，具体计算时，在每个层次中按照评价项目重要程度的大小确定权重，先按最低级层次的各个因素进行综合评价，一层层依次往上评，直到最高层，得出最终的评价结果。

## 2.5.3 评价等级划分

产品可用性评价等级应根据子目标的特征及相应的因素基准相比较而确定。通常基于心理学测度原理应定为 5~9 级，本书将主观感知评价等级划分为 5 个等级，即 $V=\{v_1, v_2, v_3, v_4, v_5\}$，具体等级划分和含义如表 2-4 所示。

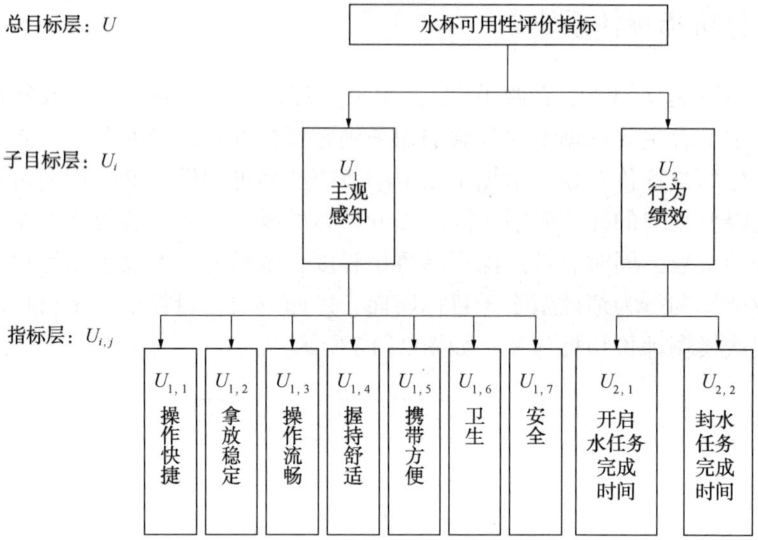


图 2-13　水杯产品可用性评价体系

**表 2-4　评价等级及含义[122]**

| $V$ | 满意度 | 评价含义 |
|---|---|---|
| $v_5$ | 非常满意 | 非常满意，获得满意的性能不需要用户补偿 |
| $v_4$ | 比较满意 | 有可以忽略的缺陷，获得满意的性能不需要用户补偿 |
| $v_3$ | 一般 | 有些不满意度适中的缺陷，获得足够的性能需要用户适度的补偿 |
| $v_2$ | 不太满意 | 有不满意度高的缺陷，获得足够的性能需要用户强烈的补偿 |
| $v_1$ | 不能接受 | 有较大的缺陷，不能完成部分需要用户的操作 |

主观感知问卷中具体的问题将调查的项目从积极的角度陈列，答卷者评价对此陈述的同意程度，以对应上述的五个等级。

## 2.5.4　指标权重确定

指标权重系数的确定，是综合评价的核心问题。比较常用的方法是层次分析法，采用 1~9 之间的整数及其倒数作为比例标度，用来衡量决策系统因素的相对重要度，但是在指标众多的情况下评估者的主观判定容易出现偏差和不确定性，现实的判断矩阵往往很难满足一致性条件。另外，层次分析法的计算量很大，由于评价指标数量很多，具体实施时，专家很难给出判断矩阵。因此，这里采用无须一致性检验的序关系分析法(G1 法)[123]，G1 法具有以下特点：

（1）不用构造判断矩阵，更无须一致性检验；

（2）计算量较层次分析法成倍地减少；

（3）对同一层次中指标的个数没有限制；

（4）具有保序性，保序性是指对于同一种确定指标权重系数的方法来说，无论评价指标是否变化，都不应引起指标间的相对重要性程度改变的性质；

（5）方法简便、直观，便于应用。

G1 法具体实施步骤如下：

（1）指标重要度排序

在评价指标体系的总目标层、子目标层、指标层中，各指标对产品可用性水平的影响程度是不同的，需要分别确定各层次所包含指标的权重。考虑到减少问卷填写工作量，保证问卷质量，假定指标层各指标权重均分，而总目标层和子目标层指标权重采用重要度打分法来计算。指标的绝对重要程度划分为 9 级，对应 1~9 九个分值，如图 2-14 所示。

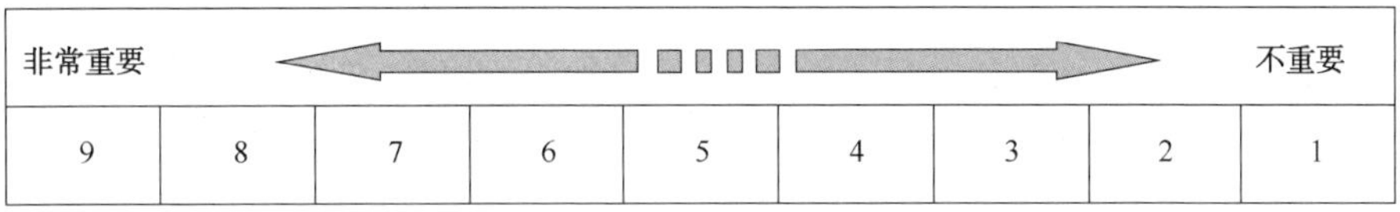


图 2-14　指标重要程度划分

用户为指标的绝对重要度打分，可选 1~9 九个分值，9 分对应非常重要，1 分对应不重要。统计人员根据指标重要度的得分进行排序。记评价指标集为$U\{u_1, u_2, \cdots, u_n\}$，当指标 $u_i$ 相对于某评价准则的重要性程度大于等于 $u_j$ 时，记为 $u_i \geqslant u_j$。专家对 $U$ 中的各个指标按照权重由高到低排序，得到新的指标集

$$u_1^* \geqslant u_2^* \geqslant \cdots \geqslant u_n^* \tag{2-8}$$

（2）给出指标 $u_k$ 和 $u_k+1$ 之间相对重要程度的比较判断

设产品领域专家关于可用性评价指标 $u_k^*$ 和 $u_{k+1}^*$ 的重要性程度之比 $w_k^* / w_{k+1}^*$ 的理性判断分别为：

$$w_k^* / w_{k+1}^* = r_k \tag{2-9}$$

式中，$k=n-1, n-2, \cdots, 2, 1$。

参考表 2-5 给 $r_k$ 赋值。

**表 2-5　相对重要程度划分及含义**[123]

| 相对重要度 $r_k$ | 含　义 |
| --- | --- |
| 1.0 | 前一个指标与后一个指标具有同样重要性 |
| 1.2 | 前一个指标比后一个指标稍微重要 |

续表

| 相对重要度 $r_k$ | 含　义 |
|---|---|
| 1.4 | 前一个指标比后一个指标明显重要 |
| 1.6 | 前一个指标比后一个指标强烈重要 |
| 1.8 | 前一个指标比后一个指标极端重要 |

记产品可用性指标集为 $\{u_1, u_2, \cdots, u_n\}$，统计时根据指标重要度的得分进行排序，并将排序后相邻两指标的得分相除，得到相对重要度 $r_k$，如图 2-15 所示。

| | | | | | | |
|---|---|---|---|---|---|---|
| $(u_1^*)$ | ≥ | $(u_2)$ | ≥ | $(\cdots)$ | ≥ | $(u_n^*)$ |
| | $r_1$ | | $r_2$ | | $r_{n-1}$ | |

图 2-15　相对重要度计算

根据 $r_k$，利用式(2-10)、式(2-11)计算出指标 $u_i^*$ 的权重值 $w_i^*$ $(i=1, 2, \cdots, n)$：

$$w_n^* = \left\{1 + \sum_{k=1}^{n-1} \prod_{j=k}^{n-1} r_j\right\}^{-1} \tag{2-10}$$

$$w_i^* = r_i w_{i+1}^*, \quad k=n-1, n-2, \cdots, 2, 1 \tag{2-11}$$

将 $w_i^*$ 组合成权重矩阵 $W^*$，$W^* = \{w_1^*, w_2^*, \cdots, w_n^*\}$，再根据排序前的要素顺序调整 $W^*$ 元素的顺序，得到权重矩阵 $W=\{w_1, w_2, \cdots, w_n\}$。

## 2.6　本章小结

本章提出了基于可供性的产品形态设计相关理论方法，以此为基础，对面向可供性的产品形态设计方法进行了研究，主要研究内容如下：

(1) 研究了用户体验中人机关系的特征，通过分析行为、行为目标之间的关系，探讨了交互行为的分类，以此奠定了产品可供性需求的挖掘基础，研究了基于交互行为需求的产品可供性需求的挖掘和处理过程；

(2) 在 Leap Motion 技术的基础上，通过物体可供性识别，探讨了产品可供性物体的筛选、分类和获取方法；

(3) 基于产品形态属性、产品功能、产品可供性的概念，提出了基于形态可供性配置图的产品形态树不完全分解理论，以此为基础获取产品关键形态特征线和产品可供性物体关键形态特征线，探讨了形态特征线融合创新设计应用理论；

(4) 提出了基于虚拟交互和实物交互的产品可用性评价流程，分析了模糊评价指标体系、评分等级划分和指标权重方法。

在以上理论系统研究的基础上，构建了面向可供性的产品形态设计方法体系框架。

# 3 基于交互行为的产品可供性需求挖掘与处理

产品可供性是产品-用户、产品-环境交互中可感知的和期望获得的交互行为可能性，因此交互行为需求表达了产品可供性需求。为了达到这个目的，在产品形态设计中，首先要梳理、挖掘出满足用户的交互行为需求。交互行为需求是用户一系列心理活动作用的结果，受到内在认知因素和外在环境因素的影响，具有主观性、内隐性及不确定性等特点。用户在构思或者使用产品时，其心理无形中将产品的意向行为感知与记忆中相关联产品建立联系，这个特点为更加深入全面挖掘用户对产品的交互行为需求提供了新的线索。

传统上，基于功能的需求挖掘以产品本身为研究对象，以产品行为的目的需求为目标，通过对抽象词汇的提取和产品功能的分解，实现产品的设计任务。这种挖掘方式将注意力集中在产品本身，而忽略了产品与用户、环境的交互作用，从而不利于设计出更加优秀的产品。与传统的基于功能挖掘产品需求的方法相比，从可供性角度挖掘产品需求具有独特优势，如表 3-1 所示。

**表 3-1　传统的基于功能的需求挖掘和基于可供性的需求挖掘方法对比分析**

| | 基于功能的需求挖掘方法 | 基于可供性的需求挖掘方法 |
|---|---|---|
| 研究对象 | 产品本身 | 用户-产品、产品-环境的行为关系 |
| 研究目标 | 用户对产品的行为目的需求 | 用户对产品的行为目的、行为效果和行为操作的需求 |
| 需求特点 | 产品自身的功能需求集合，抽象的需求词汇 | 产品如何与外界发生行为联系的需求集合，抽象+具象的需求词汇 |
| 研究手段 | 功能分解 | 用户-产品、产品-环境之间交互行为分解 |

本章以产品与用户、环境的行为关系为研究对象，以用户对产品的行为目的、行为效果和行为操作为目标，采用抽象词汇和具体词汇耦合筛选，借助于产品与用户、环境之间的交互行为分解为研究手段，实现基于交互行为的产品可供性需求挖掘与处理，从而为产品的形态设计提供可供性需求基础。

# 3.1 基于相关性分析的交互行为需求挖掘与筛选方法

在本小节中，首先针对某一类型产品进行广域的交互行为需求挖掘，建立完成此产品功能基础上的交互行为的完备词汇集合；然后面向用户的具体需求词汇，采用相关性分析方法，经过提炼分析，在完备词汇集合中筛选出满足用户需求的适用词汇集合。

## 3.1.1 基于观察法的交互行为需求挖掘

根据交互行为分类和需求挖掘方法，采用以任务分析为导向的实现方法挖掘用户在目的行为、意图行为和操作行为上的需求。实际上，用户在使用产品时的行为分析非常复杂，比如行为顺序多样化、产品和环境反馈作用下的行为调整等，这就导致了交互行为也具有复杂性的特点。在用户任务分析中，常用的是观察法，即在用户完成任务的过程中，用自己的感官和辅助工具去观察被研究对象，搜集完成任务的信息，有时可以借助照相机、录音机、显微录像机等仪器来辅助记录观察，采用观察法可以获得交互行为的完备需求集合，观察法包括以下四种方式[105]。

（1）自然观察法：指调查员在自然状态下，比如超市、工厂、家庭等，观察被调查对象的行为和举止。

（2）设计观察法：指预先模拟相关情景，在预设的接近自然的场景开展观察，针对调研对象的行为与举止等的场景更为接近自然，相关的被观察者所进行的各类活动都更为接近真实。

（3）演示观察法：指在不被感知的情况下对人物或者事件的行为过程开展监视。

（4）机器观察法：指在特殊观察环境中，机器或许相较于普通人员成本更低廉、结果更精准，同时更易完成工作，如行为观察分析系统。

观察法应遵循的原则如下：

（1）应尽量以多方面、多角度、不同层次进行观察，每次仅观察一种行为；

（2）实际观察的行为特征需要有明确阐述，进行较为详尽的观察记录，不遗漏偶然事件；

（3）必须遵守法律和道德原则，其优点包括观察的资料比较生动，观察能捕捉到正在发生的现象，具有即时性。

首先，基于设计目标确定用户任务；其次，由经验设计师通过观察法，结合网络、书刊等各种方式广泛记录、观察、搜集交互行为需求样本；最后，从目的行为、意图行为和操作行为三方面挖掘、表达产品-用户、产品-环境之间的交互行为词汇，在众多词汇中确定初步的交互行为词汇，了解用户与产品交互行为需求。

同时，在现代产品中，由于手部交互行为居多，Sherida 依据用户行为、行为描述、连续性、事件、物体属性定义了手部操作行为词汇表[86]，用户手部与产品交互行为需求可以参考手部操作行为词汇表，如表 3-2 所示。

**表 3-2　手部操作行为词汇表**

| 动作 | 描述 | 连续的/间断的 | 事件 | 物体特点 |
|---|---|---|---|---|
| 旋转 | 沿一个轴或中心连续、流畅旋转，每次暴露三个面或边 | 连续 | 旋转+裸露面或边+速度 | 所有物体 |
| 滚动 | 推动立方体前进，使其一遍又一遍转动表面 | 连续 | 滚动+接触面<br>旋转+接触面 | 高延展性、软材质、体积大 |
| 扭转 | 沿着曲线路径或使用手腕的方向旋转 | 连续 | 旋转+曲线路径 | 大块体 |
| 转动 | 物体绕着一个轴或者中心移动，每次暴露一个面或边 | 不连续 | 旋转（向右、向左、向上、向下） | 所有的大块体 |
| 扔掷 | 通过手和臂部的运动推动物体通过空气 | 连续 | 旋转+不接触手 | 所有物体 |
| 翻转 | 将方体翻转至另外一个对立面 | 不连续 | 翻转（上-下、后-前、左-右） | 大块体、硬质物体 |
| 快速旋转 | 将物体快速、流畅地旋转，其所有的面被快速暴露 | 连续 | 旋转（向前、向后） | 棱角分明的、中大型块体 |
| 抓握 | 将物体维持、抓握 | 不连续 | 抓握（无移动） | 所有物体 |
| 振动 | 剧烈地、流畅地上下移动 | 连续 | 振动（上-下-上、下-上-下、左-右-左、右-左-右） | 所有物体 |
| 放置 | 将物体放在适合的地方和位置 | 不连续 | 放置-抓握-放置 | 所有物体 |
| 挤压 | 用手或手指在物体上用力施力 | 不连续 | 按压+（用力） | 高延展性、软质物体 |
| 按压 | 持续、稳定地在接触物体上推压用力 | 不连续 | 按压+（用力）+（时间） | 高延展性、硬质物体 |
| 拾取 | 抓住、抬起物体 | 不连续 | 按压　抬起 | 所有物体 |
| 拍 | 迅速而轻轻地敲击，发出轻轻的敲击声 | 不连续 | 按压+（用力）+（时间）+（声音） | 硬质物体 |
| 摩擦 | 沿着物体表面用力移动手或者手指 | 连续 | 按压+（用力）+（温度）+（区域面积） | 高延展性、软质物体 |
| 抚摸 | 手或手指在物体上随意移动 | 连续 | 随意地移动 | 高延展、软质、小物体 |

以表3-2为例，定义手部交互的完备词汇集合(图3-1)$A$为：

$$A=\{a\mid \text{“旋转”“滚动”“扭转”“转动”“扔掷”“翻转”“放置”“挤压”“按压”“抓握”“拍”“抚摸”“拾取”}\} \quad (3-1)$$

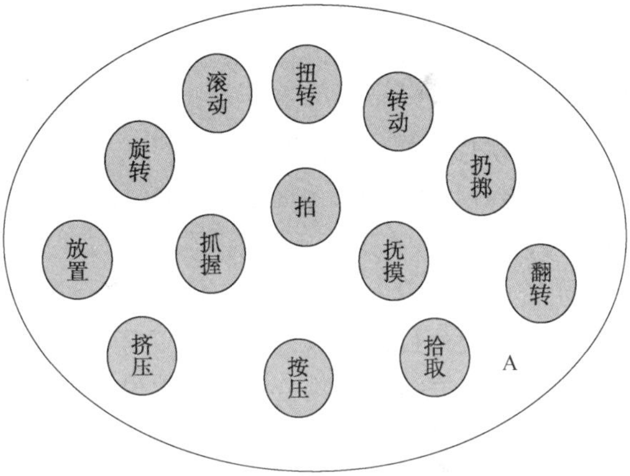


图3-1 手部操作行为完备词汇集合

### 3.1.2 交互行为需求筛选

一般来说，用户目的行为、意图行为和操作行为需求的描述不具有系统性，不仅表现出模糊性、动态性和多样性，而且需求中存在需求冗余，将其定义为用户意向词汇集合$B$。比如以用户用一把钥匙开抽屉的锁，并查看抽屉中的物品为例，那么用户需要“拿钥匙”“把钥匙插进锁孔”“旋转锁孔”“拉开抽屉”“查看物品”等五个操作交互行为，则用户意向词汇集合可能为：

$$B=\{b\mid \text{“拿”“插”“旋转”“拉开”“查看”}\} \quad (3-2)$$

将手势操作行为完备词汇集合$A$与用于意向词汇集合$B$对比分析，只有“旋转”这个元素是相同的，“拿”“插”“拉开”“查看”就不在集合$A$中，但是“拿”“插”“拉开”可以在集合$A$中筛选出相近的词汇，即存在相关性，而动作“查看”不属于手势操作交互，故与集合$A$没有从属关系，不具有相关性。

因此，为了明确用户的需求，就要分析集合$B$与集合$A$的相关性，从集合$A$中筛选出适用词汇集合$C$。首先要梳理出集合$B$和集合$A$的包含关系，分为以下几种：

(1) 包含关系

即集合$B$中的每个元素均属于集合$A$，即：

$$B\subset A \quad \text{if: } b_i\in A \quad 1\leqslant i\leqslant m \quad (3-3)$$

式中 $m$——集合$B$中元素总数。

如集合 $B=\{b_i \mid "旋转"\}$，则有 $B \subset A$。

(2) 交叉关系

即集合 $B$ 中的部分元素属于集合 $A$，部分不属于 $A$，即：

$$B \cap A \neq \varnothing \quad \text{if: } b_i \in A \& b_j \notin A \quad 1 \leqslant i \leqslant m,\ 1 \leqslant j \leqslant m,\ i \neq j \tag{3-4}$$

如 $B$ 为公式，则 $B$ 与 $A$ 是交叉关系。

(3) 互斥关系

即集合 B 中的全部元素均不属于 $A$，即：

$$B \cap A = \varnothing \quad \text{if: } b_i \notin A \quad 1 \leqslant i \leqslant m \tag{3-5}$$

如 $B=\{b_i \mid "查看"\}$，则 $B$ 与 $A$ 是互斥关系。

由针对交互操作完备词汇集合 $A$ 与用户意向词汇集合 $B$ 之间的关系分析可知，为了能准确达到用户的交互行为需求，需要对用户意向词汇集合 $B$ 和完备词汇集合 $A$ 进行相关性分析，在完备词汇集合 $A$ 中筛选出与集合 $B$ 相关的词汇，同时剔除用户意向词汇 $B$ 中与完备词汇集合 $A$ 不相关的词汇，并最终明确目标交互行为词汇集合 $A'$：

$$A' = \{a'_k \mid a'_k \in A \& a'_k \text{相关于} B\} \quad 1 \leqslant k \leqslant l \tag{3-6}$$

式中　$l$——集合 $A'$ 中的元素总数。

为了获得集合 $A'$，采用调查问卷的方法，以 Likert 7 级量表为依据制作调查问卷，以用户集合 $C=\{c_u \mid c_1,\ c_2,\ \cdots,\ c_u,\ \cdots,\ c_U\}$ 为调查对象，将 $t_{i,j,u}$ 定义为第 $u$ 个用户对集合 $A$ 中的第 $i$ 个词汇与集合 $B$ 中所有词汇的偏好度。则对于集合 $A$ 中的第 $i$ 个词汇，其偏好度矩阵 $T_i$ 为：

$$T_i = \begin{bmatrix} t_{i,1,1} & t_{i,2,1} & \cdots & t_{i,n,1} \\ t_{i,1,2} & t_{i,2,2} & \cdots & t_{i,n,2} \\ \cdots & \cdots & \cdots & \cdots \\ t_{i,1,U} & t_{i,2,U} & \cdots & t_{i,n,U} \end{bmatrix} \tag{3-7}$$

由此，获得用户集合 $A$ 中每个词汇与集合 $B$ 中词汇的偏好度矩阵 $T$：

$$T = [T_1 \quad T_2 \quad \cdots \quad T_i \quad \cdots \quad T_m] \tag{3-8}$$

同理，依然采用调查问卷方式，将 $s_{i,j,u}$ 定位为第 $u$ 个用户对集合 $B$ 中的第 $j$ 个词汇与集合 $A$ 中所有词汇的偏好度。则对于集合 $B$ 中的第 $j$ 个，其偏好度矩阵 $S_j$ 为：

$$S_j = \begin{bmatrix} s_{1,j,1} & s_{2,j,1} & \cdots & s_{m,j,1} \\ s_{1,j,2} & s_{2,j,2} & \cdots & s_{m,j,2} \\ \cdots & \cdots & \cdots & \cdots \\ s_{1,j,U} & s_{2,j,U} & \cdots & s_{m,j,U} \end{bmatrix} \tag{3-9}$$

由此，获得用户集合 $B$ 中每个词汇与集合 $A$ 中词汇的偏好度矩阵 $S$：

$$S=[S_1 \quad S_2 \quad \cdots \quad S_j \quad \cdots \quad S_n] \tag{3-10}$$

为了分析第 $u$ 个客户对 $A$ 中第 $i$ 个词汇与 $B$ 中第 $j$ 个词汇的相关性[124]，定义：

$$\begin{cases} T_{i,j}=[T_{i,j,1} \quad T_{i,j,2} \quad \cdots \quad T_{i,j,u} \quad \cdots \quad T_{i,j,U}] \\ S_{i,j}=[S_{i,j,1} \quad S_{i,j,2} \quad \cdots \quad S_{i,j,u} \quad \cdots \quad S_{i,j,U}] \end{cases} \tag{3-11}$$

则集合 $A$ 中第 $i$ 个词汇与集合 $B$ 中第 $j$ 个词汇的相关性计算公式为：

$$\begin{cases} \rho_{T_{i,j},S_{i,j}}=\dfrac{\operatorname{cov}(T_{i,j},\ S_{i,j})}{\sqrt{D(T_{i,j})}\sqrt{D(S_{i,j})}} \\ \operatorname{cov}(T_{i,j},\ S_{i,j})=E\{[t_{i,j,u}-E(T_{i,j})]\cdot[s_{i,j,u}-E(S_{i,j})]\} \\ D(T_{i,j})=\dfrac{1}{U}\cdot\sum\limits_{U}^{1}[t_{i,j,u}-E(T_{i,j})]^2 \\ D(S_{i,j})=\dfrac{1}{U}\cdot\sum\limits_{U}^{1}[s_{i,j,u}-E(S_{i,j})]^2 \\ E(T_{i,j})=\dfrac{1}{U}\sum\limits_{i=1}^{U}t_{i,j,u} \\ E(S_{i,j})=\dfrac{1}{U}\sum\limits_{i=1}^{U}s_{i,j,y} \end{cases} \tag{3-12}$$

式中 $\rho_{T_{i,j},S_{i,j}}$——集合 $A$ 中第 $i$ 个词汇与集合 $B$ 中第 $j$ 个词汇的相关系数；
$\operatorname{cov}(T_{i,j},\ S_{i,j})$——$T_{i,j}$、$S_{i,j}$的协方差；
$D(T_{i,j})$——$T_{i,j}$的方差；
$D(S_{i,j})$——$S_{i,j}$的方差；
$E(T_{i,j})$——$T_{i,j}$的均值；
$E(S_{i,j})$——$S_{i,j}$的均值。

根据交互行为需求相关性模型，采用相关系数检验法检验交互行为需求之间的相关性。集合 $A$ 中的第 $i$ 个词汇与集合 $B$ 中的所有词汇相关性均等于 0，则认为第 $i$ 个交互行为词汇与用户对产品样本的交互行为词汇不相关，予以剔除；如果集合 $A$ 中的第 $i$ 个词汇与集合 $B$ 中的所有词汇相关性大于 0.95，则认为用户的第 $i$ 个交互行为需求与用户对产品样本的交互行为词汇相关，则保留此词汇。

目标交互行为需求集合为：

$$A'=\{a'_k \mid a'_k\in A\&a'_k\text{相关于 }B\} \quad 1\leqslant k\leqslant l \tag{3-13}$$

筛选后的交互行为需求集合表达了产品与用户、产品与环境之间的交互行为可能，依据产品可供性的定义，相应表达了产品可供性需求集合 $AFF$ 为：

$$AFF=\{aff_1, aff_2, \cdots, aff_l\} \tag{3-14}$$

式中　$l$——产品可供性需求个数。

同时，产品可供性需求繁多，为了避免遗漏，本书借助 Georges M. Fadel 提出的通用可供性结构模板（Generic Affordance Structure Template，GAST）对产品可供性需求进行补充和完善[95]，如图 3-2 所示。应用通用可供性结构模板有两个目的：①引导设计师为产品提供所期望的可供性；②检查捕捉、追加可能遗漏的可供性，避免设计师遗漏产品可供性。

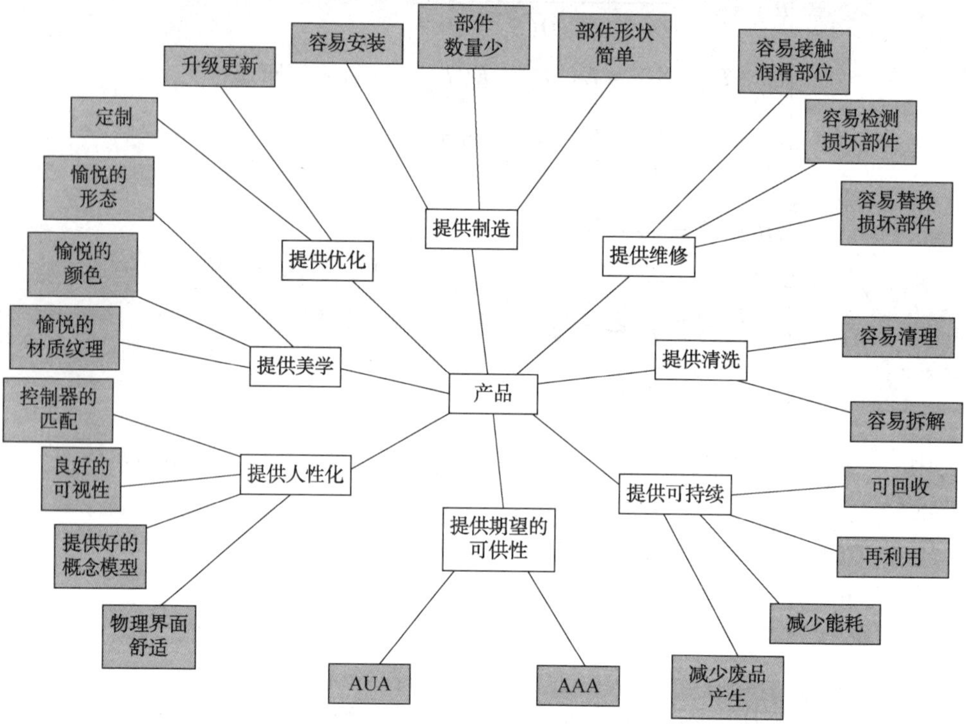


图 3-2　通用可供性结构模板

## 3.2　产品可供性需求分类

### 3.2.1　基于 KANO 模型的产品可供性需求分类

根据 2.2 小节产品可供性需求的挖掘，产品可供性需求源于用户-产品、产品-环境下一系列用户对产品的目的行为、意图行为和操作行为的交互行为需求，它具有内隐性、不确定性和自适应性的特点，其立足点是期望通过产品可供性认知满足易用的交互要求。为此，根据 Matzler 和 Hinterhubei 所提出的 KANO 模型（图 3-3）建立产品可供性需求分类评估表[125]，如表 3-3 所示，表 3-3 为每个产品可供性设置了两个相反的问题，分别表示当产品具备和不具备某可供性时，调研用户对此产品的反应。依据 KANO 模型，可按用户满意度的因素将产品可供性需求划分为 5 个类型，分为兴奋型需求 $A$、期望型需求 $O$、基本型需求 $M$、反向需求 $R$、无差异需求 $I$ 和可疑结果 $Q$，其中可疑结果指的是产品具备或不具备某个可供性时用户都喜欢，属于可疑结果，无差异需求是不管有这个功能还是没这个功能，用户满意度都没有增加或减少，反向需求即造成强烈不满的产品质量特性以及低水平质量。通过了解以上不同层次的产品可供性需求，找出用户和产品的接触点，识别令顾客满意的重要产品可供性需求以指导产品形态设计，因此，抛弃可疑结果 $Q$、无差异需求 $I$ 和反向需求 $R$，本书研究产品可供性的兴奋型需求 $A$、期望型需求 $O$、基本型需求 $M$。

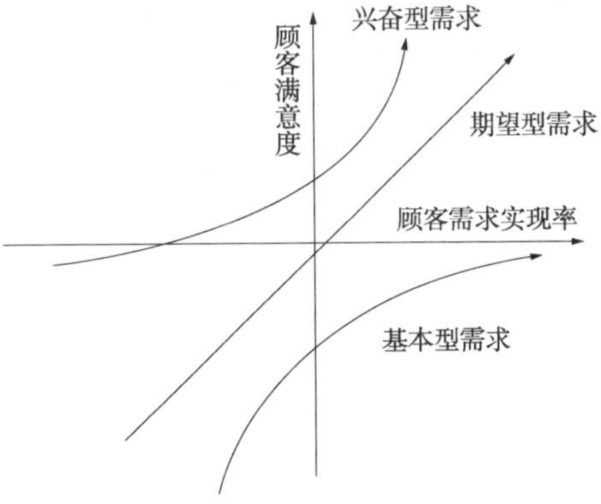


图 3-3　KANO 模型

**表 3-3　基于 KANO 模型的产品可供性需求分类评估表**

| 产品可供性需求 | | 产品不具备某可供性 | | | | |
|---|---|---|---|---|---|---|
| | | 喜欢 | 必须这样 | 保持中立 | 可以忍受 | 不喜欢 |
| 产品具备某可供性 | 喜欢 | $Q$ | $A$ | $A$ | $A$ | $O$ |
| | 必须这样 | $R$ | $I$ | $I$ | $I$ | $M$ |
| | 保持中立 | $R$ | $I$ | $I$ | $I$ | $M$ |
| | 可以忍受 | $R$ | $I$ | $I$ | $I$ | $M$ |
| | 不喜欢 | $R$ | $R$ | $R$ | $R$ | $Q$ |

(1) 基本型产品可供性需求

基本型产品可供性需求是需要产品“必须”提供的目的行为、意图行为和操作行为，如果产品中没有提供“必须有”的行为就会导致顾客不满意，当其出现“必须有”的行为，用户也有可能不满意。对于用户，这些需求是必须满足的、理所当然的，具体表现为产品-用户、产品-环境之间的基本交互行为表述，如用户对螺丝刀的基本型可供性需求是螺丝刀提供“防滑”“旋转”“握持”“坚固耐用”等可供性。

（2）期望型产品可供性需求

期望型产品可供性需求是需要产品“更多且更好”地提供目的行为、意图行为和操作行为需求，使用户从产品中获得更好用的需求，对顾客满意度有直接影响，产品的这种需求越高，顾客就越满意，此类需求表现不完善的话，用户的不满也会增加。期望型需求不是必需的需求，但是用户、企业和竞争对手都关注的需求，也是体现竞争力的需求，它能够体现更好的使用要求和风格。如用户对螺丝刀的期望型可供性需求是螺丝刀提供“防止脱落”“动力持久”“单手操作”“握持舒适”等。

（3）兴奋型产品可供性需求

兴奋型产品可供性需求是需要产品“具有吸引力”地提供目的行为、意图行为和操作行为，产品通过传达一种出乎意料的行为特征或内涵，使用户感受到惊喜。Ludden 指出惊喜是感官体验与过去不一致，超出了原本期望的认知，并产生惊喜的感觉[126]。例如，利用可供性在伞把上做出凹槽设计，使手提袋和伞把之间有了挂靠行为，伞把的凹槽形态体现出来的行为关系使用户产生兴奋与惊喜。它较难准确表达出来，是用户潜在交互行为需求的反映，它可以让产品从其他产品中脱颖而出，提供较高的顾客满意度。再如螺丝刀的兴奋型可供性需求是提供“多功能”“模块组合”等。

依据产品可供性需求对 $M$、$O$ 和 $A$ 的隶属度，对产品可供性需求分类，如表 3-4 所示，$AFF$ 为产品可供性集合，$M$ 为基本型需求，$O$ 为期望型需求，$A$ 为兴奋型需求。产品可供性需求 $AFF$ 与 $M$、$O$、$A$ 的对应数值为产品可供性需求对 $M$、$O$ 和 $A$ 的隶属度，数值 3、2、1、0 分别代表隶属度高、隶属度中等、隶属度低和无隶属度。

**表 3-4　产品可供性需求分类**

| $AFF$ | $M$ | $O$ | $A$ |
|---|---|---|---|
| $aff_1$ | 3 | 2 | 0 |
| $aff_2$ | 2 | 1 | 0 |
| $aff_3$ | 3 | 3 | 1 |
| … | … | … | … |

产品可供性需求对 $M$、$O$ 和 $A$ 的隶属度平均值可按式(3-15)计算：

$$\begin{cases}\overline{AFF(M)}=\dfrac{1}{sum}\cdot\sum_{i=1}^{sum}aff_i(M)\\ \overline{AFF(O)}=\dfrac{1}{sum}\cdot\sum_{i=1}^{sum}aff_i(O)\\ \overline{AFF(A)}=\dfrac{1}{sum}\cdot\sum_{i=1}^{sum}aff_i(A)\end{cases}\tag{3-15}$$

式中 $sum$——经 3.1.2 小节筛选后的产品可供性总量；

$\overline{AFF(M)}$——产品可供性需求对 $M$ 的隶属度；

$\overline{AFF(O)}$——产品可供性需求对 $O$ 的隶属度；

$\overline{AFF(A)}$——产品可供性需求对 $A$ 的隶属度。

对于第 $i$ 个产品可供性 $aff_i$，按照式(3-16)判断其隶属于哪种需求：

$$aff_i\in\begin{cases}M,\ aff_i(M)\geqslant 2\\ M,\ aff_i(O)\geqslant 2\\ M,\ aff_i(A)\geqslant 2\end{cases}\tag{3-16}$$

经 KANO 模型赋予权重后得到的基本型产品、期望型产品、兴奋型产品可供性需求集合：

$$\begin{aligned}AFF(M)&=\{aff_1(M),\ aff_2(M),\ \cdots,\ aff_l(M)\}\\ AFF(O)&=\{aff_1(O),\ aff_2(O),\ \cdots,\ aff_m(O)\}\\ AFF(A)&=\{aff_1(A),\ aff_2(A),\ \cdots,\ aff_n(A)\}\end{aligned}\tag{3-17}$$

式中 $l$——基本型产品可供性需求个数；

$m$——期望型产品可供性需求个数；

$n$——兴奋型产品可供性需求个数。

### 3.2.2 产品可供性结构

由于产品可供性需求复杂、数量多，需要将产品可供性需求正确、有序地组织起来。产品可供性结构反映了各个可供性之间内在联系的结构模型，这个抽象的结构模型被称为产品可供性结构，是实现产品设计目标的抽象描述，可以展示出产品可供性需求的主体骨干结构，使产品形态设计逻辑更加清晰、完整。

不同产品可供性结构满足、实现不同产品设计方向，资深设计师依据项目的特点和设计定位，按照不同优先级、不同用户、不同主题三种方式组织产品可供性需求，获得不同的产品可供性结构。

(1) 按照不同优先级

结合 3.2.1 小节中经 KANO 模型分类后的产品可供性需求，资深设计师依据设计任务进一步按照优先级组织产品可供性结构，这种方式适合于可供性需求没有出现在 GAST 模板的项目，多用图表表示，如表 3–5 所示。

**表 3–5　按照优先级的产品可供性结构**

| 基本型产品可供性需求 $AFF(M)$ | 期望型产品可供性需求 $AFF(O)$ | 兴奋型产品可供性需求 $AFF(A)$ |
|---|---|---|
| 1　$aff_1(M)$ | 1　$aff_1(O)$ | 1　$aff_1(A)$ |
| 2　$aff_2(M)$ | 2　$aff_2(O)$ | 2　$aff_2(A)$ |
| …　… | …　… | …　… |
| $l$　$aff_l(M)$ | $m$　$aff_m(O)$ | $n$　$aff_n(O)$ |

（2）按照不同用户

这种组织方式适合于项目中包含明显不同产品可供性需求，它能够很好地注释可供性需求，缺点在于同一个可供性需求可能会重复出现在多个用户的产品可供性结构中，如果用户需求差异小，就会产生大量冗余的产品可供性结构，如表 3–6 所示。

**表 3–6　按照不同用户组织的汽车产品可供性结构**

| 用户类型 | 产品可供性需求 $AFF$ |
|---|---|
| 使用者 | 运输 |
| | 美学 |
| | 舒适 |
| | 娱乐 |
| | 维修 |
| 购买者 | 美观 |
| 其他人 | 交流 |
| 工人 | 制造 |
| | 维修 |

（3）按照不同主题

按照不同主题组织可供性需求，这种组织方式适合可供性需求与 GAST 模板相似的项目，采用树状图方式呈现，各可供性需求没有权重，这种组织方式的缺点是占用面积大，不能对可供性需求注释，如图 3–4 所示的摩托车产品可供性需求结构。

以上三种方法能够简单快速组织多个产品可供性需求，以便发现最有效的产品可供性结构。

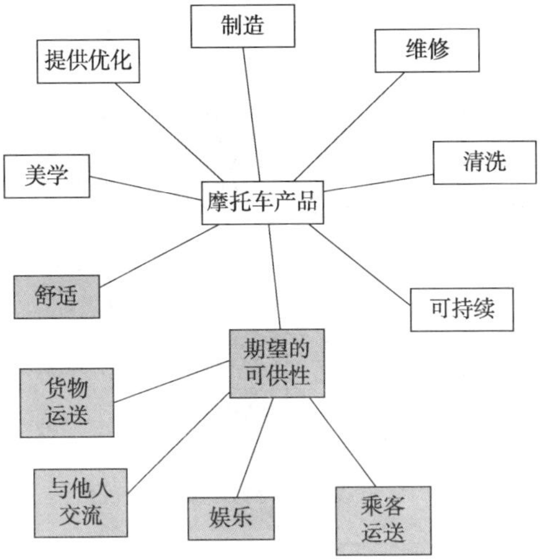


图 3-4　摩托车产品可供性需求结构

## 3.3　实例验证

在进行某企业水杯形态设计时，经与厂家沟通，确定设计任务是设计随身携带、操作简单的水杯，目标用户是大学生，使用环境是室内和室外。依据设计目标，确定用户任务为开、封水，喝水，携带，资深设计师应用经验结合观察法，通过网络、书刊等各种方式广泛记录、观察、搜集既能体现市场性，又能反映流行趋势的水杯交互行为需求样本，如表 3-7 所示。

表 3-7　代表性水杯交互行为需求样本

| 用户任务 | 交互行为需求样本 |
| --- | --- |
| 开、封水 | 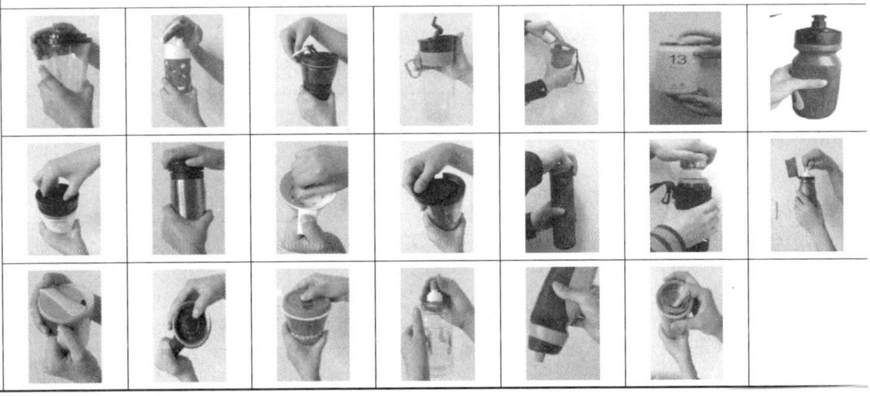 |

续表

| 用户任务 | 交互行为需求样本 | | | | | | |
|---|---|---|---|---|---|---|---|
| 携带 |  |  |  |  |  |  |  |
| |  |  |  |  |  | 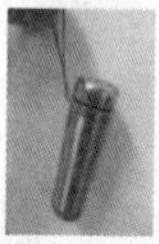 | |
| 喝水 | 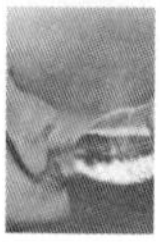 |  |  |  |  |  |  |

其中应用观察法搜集交互行为需求样本的过程包括：首先，随机选定水杯用户 10 人作为实验参与者；其次，通过摄像记录用户完成开启、喝水和携带任务；最后，通过对用户使用水杯过程的视频分析获得交互行为需求样本。综上所述，结合行为分析法和口语分析法，通过网站、书刊、论文等搜集，从目的行为、意图行为和操作行为的角度将交互行为需求样本描述为交互行为词汇，并经初步冗余度处理后，得到共 50 个交互行为词汇。

接着，对交互行为词汇构建 Likert 七级量表，调查用户对交互行为词汇的偏好程度。根据 Likert 七级量表调查得到的结果，按照 3.1.2 小节的方法予以筛选和剔除，根据拉依达准则，“呛水”“多人操作”与产品的相关性较低，予以剔除；“握持”和“抓握”、“操作方便”和“操作快捷”、“不卡”和“流畅”、“无滴漏”和“安全”、“防脱落”和“防滑”相关性较高，予以合并，并结合 GAST 模板增加了“卫生”“重量轻”两个目的行为词汇，基于交互行为词汇得到了筛选后的 32 个水杯可供性需求，如表 3-8 所示。

**表 3-8　筛选后的水杯可供性需求**

| 产品可供性分类 | 产品可供性需求 *AFF* | | | |
|---|---|---|---|---|
| 产品目的可供性 | 开启水 | 防丢 | 封水 | 喝水 |
| | 防脱落 | 拿放稳定 | 操作流畅 | 卫生 |
| | 操作方便 | 美观时尚 | 重量轻 | 携带方便 |
| | 安全 | 操作简单 | 轻松 | 舒适 |
| 产品意图可供性 | 大容量 | 瓶盖防滑 | 视觉提示 | 贴附名字 |
| | 观察水量 | 单手操作 | 压缩变形 | 传感温度 |

续表

| 产品可供性分类 | 产品可供性需求 *AFF* | | | |
|---|---|---|---|---|
| 产品操作可供性 | 旋转 | 拎 | 导流 | 按压 |
| | 放置 | 握 | 推 | 抬 |

对筛选后的水杯可供性需求按照 KANO 模型进行权重分类，根据式(3-17)分别计算水杯可供性需求词汇对基本型产品可供性需求、期望型产品可供性需求和兴奋型产品可供性需求的隶属度，对水杯可供性需求进行分类，如表 3-9 所示。

**表 3-9 水杯可供性需求分类**

| 基本型产品可供性需求 *AFF*(*M*) | | | 期望型产品可供性需求 *AFF*(*O*) | | | 兴奋型产品可供性需求 *AFF*(*A*) | | |
|---|---|---|---|---|---|---|---|---|
| 开启水 | 携带方便 | 封水 | 水流平稳 | 压缩变形 | 防脱落 | 防丢 | 按压 | 安全 |
| 操作简单 | 拿放稳定 | 操作流畅 | 视觉提示 | 贴附名字 | 抬 | 传感温度 | 卫生 | 舒适 |
| 喝水 | 放置 | 重量轻 | 大容量 | 拎 | 观察水量 | 美观时尚 | | |
| 导流 | 旋转 | 握 | 轻松 | 单手操作 | 瓶盖防滑 | | | |
| | | | 推 | | | | | |

结合水杯可供性分类结果，为了更好地满足学生用户对水杯最期望和兴奋的可供性需求，资深设计师依据优先级组织了大学生的水杯可供性需求结构，如表 3-10所示。

**表 3-10 大学生用户的水杯可供性需求结构**

| 基本型产品可供性需求 *AFF*(*M*) | 期望型产品可供性需求 *AFF*(*O*) | 兴奋型产品可供性需求 *AFF*(*A*) |
|---|---|---|
| 携带 | 贴附名字 | 卫生 |
| 拿放稳定 | 传感温度 | 防丢 |
| 轻松 | 水流平稳 | 压缩变形 |
| 操作简单 | 携带方便 | |
| 操作流畅 | 单手操作 | |
| 开启水 | | |
| 喝水 | | |

## 3.4 本章小结

本章分析了用户体验中的人机交互关系，利用行为目标和交互行为的关系，对交互行为和产品可供性进行了分类；通过搜集交互行为样本挖掘交互行为词汇，基于KANO模型实现了复杂、繁多的产品可供性需求分类，利用产品可供性结构组织不同的产品可供性需求，以满足不同的设计任务。具体研究如下：

（1）考虑不同用户体验中人机交互关系，通过交互行为的分析，给出了交互行为分类，分析了不同交互行为下的产品可供性分类；

（2）针对交互行为需求中存在的包容、交叉、独立和互斥的冗余关系，对其进行初步冗余处理，并通过交互行为相关性分析，对交互行为需求进行筛选；

（3）提出了基于KANO模型的产品可供性需求分类方法，根据产品可供性需求对基本型需求、期望型需求和兴奋型需求的隶属度，对产品可供性需求分类；

（4）建立了产品可供性需求之间内在联系的产品可供性结构，包括不同主题、不同用户、不同优先级三种产品可供性结构，以实现组织不同产品可供性需求，满足不同设计任务；

（5）水杯产品作为环境–产品–用户交互的典型产品，在以上方法的研究基础上，通过对水杯交互行为的广泛搜集、筛选和分类处理获得了水杯产品可供性需求，实例验证本章所提方法能够有效、细致、全面挖掘产品可供性需求。

# 4 产品可供性物体获取

第 3 章里基于交互行为需求获得了产品可供性需求，表达了一系列用户-产品、产品-环境所期望的交互行为，具有可供性的物体蕴含着大量潜在的可供性形态特征，这些具有应用价值的可供性形态特征受到设计者更多的关注，能启发设计者对产品形态设计创新，寻找和获取相应的可供性物体，将其映射到产品形态并对其进行修改，以满足产品可供性需求，此过程需要解决的关键问题是如何获取产品可供性物体。

2. 3. 2 小节中提到现代产品中与用户手部交互行为居多，因此，为了简化研究，本章以与手部有关的产品可供性为例，为了从现实物体中找出可供性物体具有应用价值的形态特征，快速获取到与产品可供性需求相关的可供性物体形态特征元素，以便对产品形态进行针对性设计，提出一种基于手势识别技术的产品可供性物体获取方法，与传统的产品可供性物体获取方法的对比如表 4-1 所示。

**表 4-1 基于手势识别技术的产品可供性物体获取方法与传统方法对比**

| 对比内容 | 基于手势识别技术的产品可供性物体获取方法 | 传统的产品可供性物体获取方法 |
|---|---|---|
| 研究对象 | 目标产品及现实物体 | 目标产品及现实物体 |
| 研究目标 | 更为广泛、全面获取可供性物体 | 获取目标产品的可供性物体 |
| 可供性物体特点 | 数量大、数据库获取 | 数量小、随机获取 |
| 研究手段 | 样本调查、相关性分析、手势识别、分类处理 | 样本调查、相关性分析 |

## 4.1 可供性物体筛选

物体可供性感知来自物体物理属性的信息，其中物体形态是用户获得可供性的视觉线索。可供性物体是满足具有相应产品可供性形态特征元素的人工或自然的现实物体，将其形态特征元素运用到相关的产品形态设计中，进而帮助人对产品实现较为理想的可供性感知，其关键在于获取可供性物体[127]。

基于产品可供性需求 $AFF$，依据某一个产品可供性 $aff_i$，由资深设计师或领域专家通过专业、经验、观察、流行趋势调研给出若干物体形态样本构成集合 $O$。物体样本要求符合两个条件：①优秀而经典的形态；②源自多种不同视角的形态。构建物体样本集可表示为：

$$O=\{o_1, o_2, \cdots, o_p\} \tag{4-1}$$

式中 $p$——物体样本个数。

依据2.3.1小节中可供性物体筛选方法，根据拉依达准则，$|\bar{A}_{i,j}-A_{i,j}|>3\sigma$ 的物体样本予以剔除，经过筛选得到具有可供性 $aff_i$ 的可供性物体集合为 $O(aff_i)$，可表示为：

$$O(aff_i)=\{o_1(aff_i), o_2(aff_i), \cdots, o_p(aff_i)\} \tag{4-2}$$

式中 $i$——第 $i$ 个可供性；

$p$——具有第 $i$ 个可供性的物体数量。

## 4.2 物体可供性 AHO 模板

Maier 提到可供性具有互补特点，不能独立于任何一方来看[95]。从用户角度看，物体可供性是用户感知到的物体交互中的行为关系，其中的关键是感知物体提供的相应可能行为，它具有以下特点：①关联性，物体可供性感知需要和相关人、姿势与行为关联进行判断；②多样性，物体可以具备多个不同的可供性。

依据2.3.2小节中的分析，本章重点分析手部操作行为，它是交互场景非常关键的信息源，依靠用户手部和物体之间的自适应配合来实现预期的动作，并结合可供性的互补特点，我们基于用户手部和物体交互情景，建立物体可供性 AHO 模板 $m(aff_i)$，描述与用户手部有交互行为可能的物体可供性 $aff_i$，如图4-1所示，它包括手部操作动作 $a_i$ 和手势 $h_i$。

$$m(aff_i)=\{a_i, h_i, o(aff_i)\} \tag{4-3}$$

式中 $i$——物体的第 $i$ 个相关手部可供性。

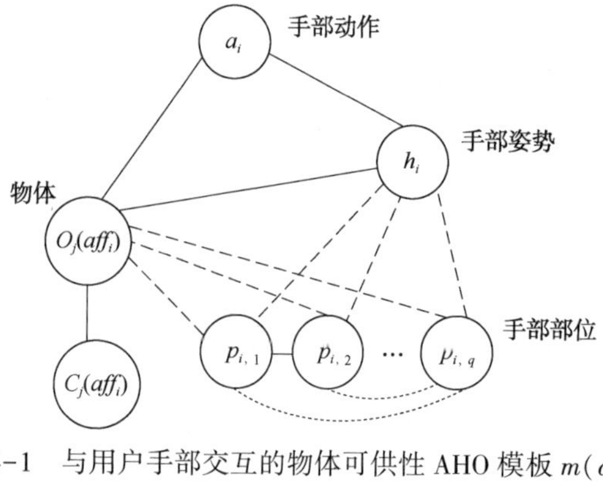


图4-1 与用户手部交互的物体可供性 AHO 模板 $m(aff_i)$

其中，在 $m(aff_i)$ 的可供性模板中，能够同时满足 $a_i$ 手部动作和 $h_i$ 手部姿势的所有物体构成可供性物体集合 $O_j(aff_i)$，可供性物体的形态特征线构成了具有

可供性 $aff_i$ 的物体形态特征集合 $C_j(aff_i)$。

$$h_i = \{p_{i,1},\ p_{i,2},\ \cdots,\ p_{i,q}\} \tag{4-4}$$

式中 $q$——相应相关手部可供性 $aff_i$ 的用户手部部位个数。

AHO 模板主要具备下述几项属性：

(1) 人体姿势、物体与手部相关动作同步产生；

(2) 物体下存在着手部的最优手势；

(3) 各手部-物体交互场景中存在单一的可供性物体。

依据上述 AHO 模板描述，某一个确定的可供性中包括相应的用户手势和相应的可供性物体，如表 4-2 所示"握"可供性的 AHO 模板 $m(aff_i)$ 中的手势和可供性物体。

**表 4-2 "握"可供性的 AHO 模板 $m(aff_i)$**

| 物体可供性 $aff_i$ | 手部动作 $a_i$ | 可供性 AHO 模板 $m(aff_i)$ | 用户手势 $h_i$ | $O_1(aff_i)$ | $O_2(aff_i)$ | $O_3(aff_i)$ | … |
|---|---|---|---|---|---|---|---|
| 握 | 握 | 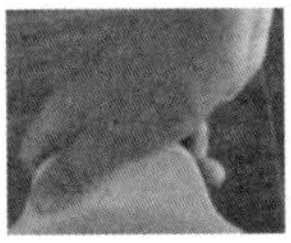 | 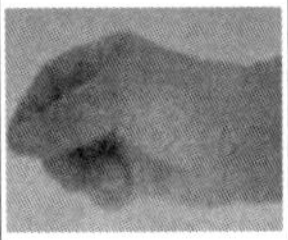 | 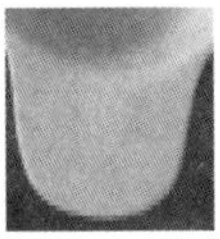 | 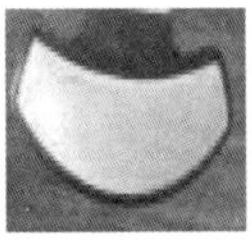 |  | … |

# 4.3 基于 Leap Motion 的可供性物体获取

综上所述，以与手部操作相关的物体可供性为例，本节应用 Leap Motion 手势识别技术进行物体可供性识别，目的是获得与用户手部操作行为相适应的可供性物体，在此基础上建立可供性物体库。

## 4.3.1 Leap Motion 体感设备

Leap 结合电脑平台的相关运用需求所设计的微米级 3D 手动交互设备，能让人依靠人手的相关动作进行控制，对操作对象进行相应的缩放、移动以及旋转等[128]。其中提供两个摄像头以及三个 LED 红外灯，可以依靠配套的摄像头来识别手部动作的基本信息，测定获得人手的具体位置数据。由于红外 LED 发射的光能透过红外滤镜照射到障碍物上，如果前面有障碍物，光就会被反射回来从而被摄像头所接收，可见光不能透过红外滤镜，有能屏蔽复杂背景的效果，实现了复杂环境下的快速手势识别。它可在顶部以上 25~600mm 且大概为 8ft$^3$ 的空间进行手势操作，检测空间形状大体是倒四棱锥立体形[129]（图 4-2），帮助用户依靠简单的手指活动来实现较为便捷的操作与控制。其支持的识别精度是 0.01mm，同时，实际存在的延迟仅有 5~10ms，达成了较为理想的人机同步。

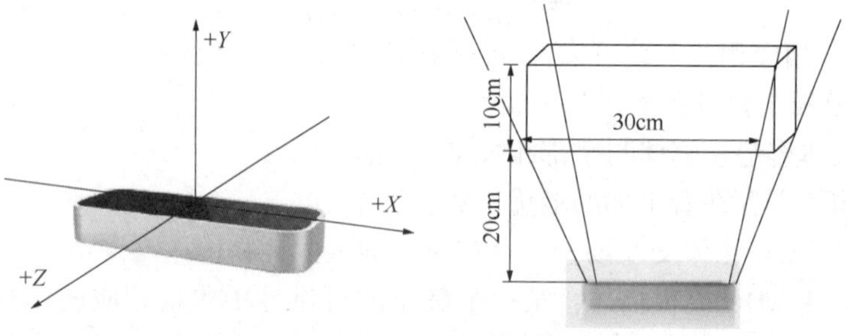


(a)Leap Motion坐标系　　(b)手势操控三维空间的范围

图 4-2　Leap Motion 体感设备

基于 Leap Motion 的自然手势识别作为人机交互的接口，Leap Motion 捕捉到的各种人手三维信息(包括手势动作和静态手势)，不仅交互方式比较自然，而且符合人们的交互使用习惯，用户不需要借助其他辅助设备进行手势输入，能够实现手势语义与计算机技术的平滑过渡。因此，本研究采用 Leap Motion 摄像头采集实际场景的测试手势，测试手势 RGB 图像如图 4-3(a)所示，通过 Leap Motion 识别到测试手势特征图像，将识别出来的人手关键点部位进行标记，得到测试手势关键特征点。如图 4-3(b)所示，手部的三维骨架模型可以分解为指尖(TIP)、远指关节(DIP)、近指关节(PIP)、手腕(Wrist)、手掌(Palm)等 25 个关键点，上述 5 个关键点可以作为人手姿态的关键特征点。

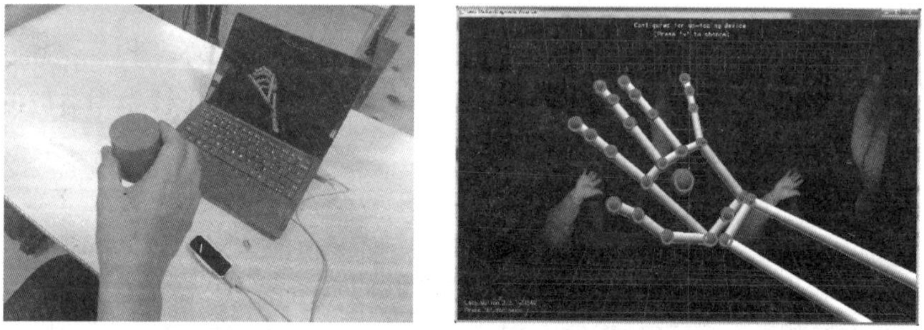

(a) 测试手势RGB图像　　(b) 测试手势特征图像及关键特征点

图 4-3　Leap Motion 下的测试手势

### 4.3.2　基于 Leap Motion 的物体可供性识别

依据 2.3.2 小节中图 2-8 所示基于 Leap Motion 可供性物体获取方法，通过物体可供性测试获得可供性物体。

(1) 依据与手部相关的产品可供性需求，对可供性物体初步筛选。

（2）测试手势采集。在自然状态下，被测试筛选的可供性物体分别完成所要求的操作行为，同时记录下用户完成操作行为时的测试手势图像和测试交互图像，测试交互图像用于记录可供性物体，测试手势图像用于物体可供性识别，要求测试交互图像和测试手势图像清晰、完整，且没有被其他物品遮挡。

（3）Leap Motion 下的测试手势图像的关键特征点提取与坐标转换。应用 Leap Motion 提取测试手势的手指关节的空间位置，并将 Leap Motion 下的手部关键特征点坐标转换到手部局部坐标系下。

（4）通过判断各手指夹角 $\alpha$ 及指尖距离 $\|P_1P_2\|$ 大小加以区分测试手势图像。手指夹角 $\alpha$ 偏差阈值为 3°，指尖距离 $\|P_1P_2\|$ 偏差阈值为 8mm，应用数理统计方法计算同类测试手势的出现频率，如图 4-4 所示。

（5）依据同类测试手势出现频率识别物体可供性。对可供性物体聚类，提取各可供性物体形态特征线集合 $T_{ij}$。

（6）建立与用户手部交互的产品可供性物体数据库，获得产品可供性物体形态特征线集合 $C_{iw}(aff_i)$ 和最小包围盒参数。

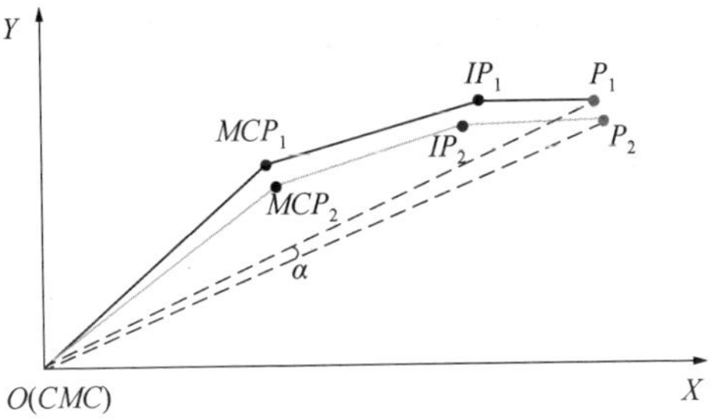

(a)拇指关键特征比对示意图

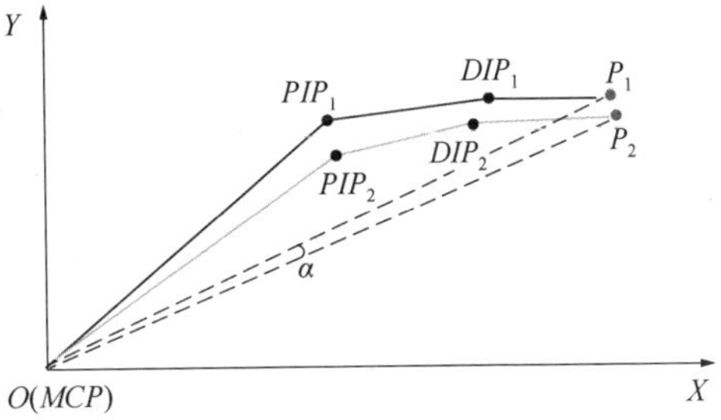

(b)除拇指外其他四指关键特征比对示意图

图 4-4 手势关键特征比对示意图

其中，关键步骤是应用 Leap Motion 的手势识别技术识别物体可供性，即依据同类测试手势出现频率，得到物体可供性下的用户手势与可供性物体，完成物体可供性识别，进而实现可供性物体聚类。

因此，通过 Leap Motion 识别获取实时人手姿态和位置信息，根据手势关键特征比对，以便进行同类测试手势出现频率计算。按照拇指和除拇指外其他四指分别对手势关键特征简化。以其中任意一根手指来分解，以指掌关节为手指局部坐标系中的坐标原点，指向指尖的方向向量为 $X$ 轴，垂直于 $X$ 轴且近指关节点和关节点的 $Y$ 值（正值）的坐标轴为 $Y$ 轴。除拇指外其他四指手势关键特征简化，因为人手中这四根手指的信息无论在运动状态还是静止状态都是非常相似的，并且每根手指都由指掌关节、近指关节、远指关节和指尖点这四个关键点组成。拇指关键特征中 $CMC$ 点代表拇指腕掌关节，$MCP$ 点代表指掌关节点，$IP$ 点代表近指关节点，$P$ 点代表指尖点的位置，如图 4-4(a)所示。除拇指外其他四指关键特征中 $MCP$ 点代表指掌关节点，$PIP$ 点代表近指关节点，$DIP$ 点代表远指关节点，$P$ 点代表指尖点的位置，如图 4-4(b)所示。

### 4.3.3 可供性物体聚类

依据同类测试手势出现频率聚类可供性物体，通过上节中物体可供性识别测试获取两两之间的亲疏指标值，把同类手势识别次数一样的可供性物体合为一个新类，然后计算出新类与原有各类之间的亲疏指标值，再把关系最为亲密的两类合并，如此反复，直到把所有待分类可供性物体合并成 $s$ 个大类为止。可供性物体及各类之间的距离可由欧氏距离 $d$ 计算：

$$d=\sqrt{(x_1-x_2)^2+(y_1-y_2)^2+(z_1-z_2)^2} \tag{4-5}$$

可供性物体聚类的步骤如下：

(1) 确定待分类可供性物体的同类测试手势出现频率；

(2) 获取对应指标的数值；

(3) 对收集到的数据进行标准化处理，使 $n$ 个物体样本具有 $n$ 类，作为初始聚类集合；

(4) 计算各类之间的距离，形成距离对称矩阵，距离最近的两类合并成一类；

(5) 设聚类后各类的数量为 $\delta$，如果类的数量 $\delta$ 大于 $s$，则跳到步骤(4)，否则结束聚类，转步骤(6)；

(6) 建立聚类可供性物体库。

可供性物体聚类过程如图 4-5 所示。

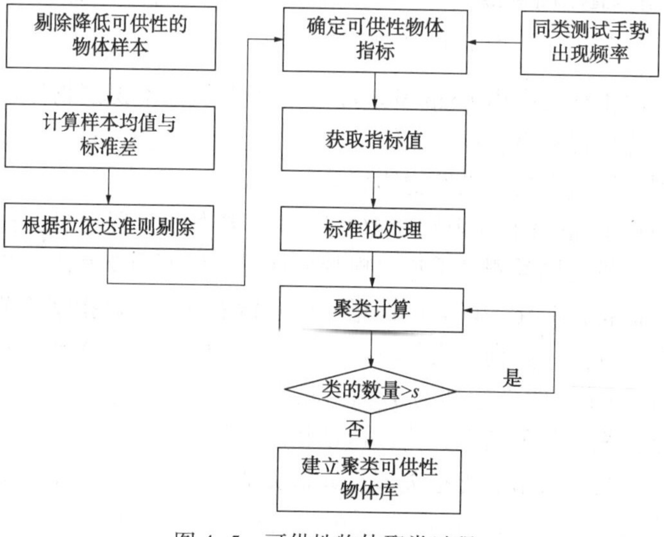


图 4-5 可供性物体聚类过程

# 4.4 基于产品可供性 AHO 模板设计的可供性物体获取

依据设计目标，针对确定的产品可供性需求结构 $AFF$，对产品可供性 AHO 模板从用户手势和产品形态特征元素两方面设计产品可供性，进一步描述用户手部和产品形态之间的行为关系，以更好地获取可供性物体。

## 4.4.1 用户手势设计

在满足产品功能元集合 $F$ 的基础上，随机选定专业用户和非专业用户作为实验对象，经验设计师通过用户对现有产品的持续使用行为的观察和调研，通过摄像记录用户完成任务的行为过程，通过分析用户行为出错、思考的环节，在相应用户手部动作类型下，人机领域专家依据相关人机工程学设计出最佳的用户手势 $h_i$，由此表达出第 $i$ 个产品可供性的最佳 AHO 模板 $m_i$，进而构建出这一类产品可供性 AHO 模板集合 $M(aff_i)\{m_1, m_2, \cdots, m_k\}$、动作集合 $A(aff_i)\{a_1, a_2, \cdots, a_k\}$、手势集合 $H(aff_i)\{h_1, h_2, \cdots, h_k\}$，其中 $k$ 表示与手部相关的产品可供性个数。

## 4.4.2 产品形态特征元素设计

具有可供性的产品形态作为用户、产品与环境之间发生交互的媒介体，是实现产品与其他物品之间、产品与用户之间功能的形状特征载体，它的特征元素包括点、线、面、体元素，面和体的形状有几何形、不规则形、有机形、偶然形等，如伞的“握持”可供性形态元素为伞把。因此，从产品形态特征元素进一步设计产品可供性，以用户手部交互的产品可供性为例，产品形态特征元素设计具体包括以下四个方面：

（1）确定与手部相关的产品可供性的数量，包括产品与用户手部接触的所有产品可供性的数量；

（2）估计各手部产品可供性相关的产品形态特征元素所需的面积、容积或位置等；

（3）产品形态特征元素之间的连接关系，即点、线、面、体相对配置关系，在其中寻求最简洁的形态；

（4）尺度大小的变化，主要包括产品形态特征元素的大小和各特征元素之间的尺度大小。

结合机能面关系界定法[130]，注意三种预留空间：①产品在静态或使用中动态所需的占有空间；②基本功能使用时所需具备的必要空间；③人在使用产品时所需的必要空间，如把手在使用中预留手能够自如运动的空间。

### 4.4.3 产品可供性物体获取

综上所述，应用 Leap Motion 手势识别技术获取到相应用户手势 $h_i$ 下的可供性物体 $O(aff_i)$，建立可供性物体库。然后，通过对某一个产品可供性 $aff_i$ 的 AHO 模板设计，从库里获取可供性物体，如图 4-6 所示。

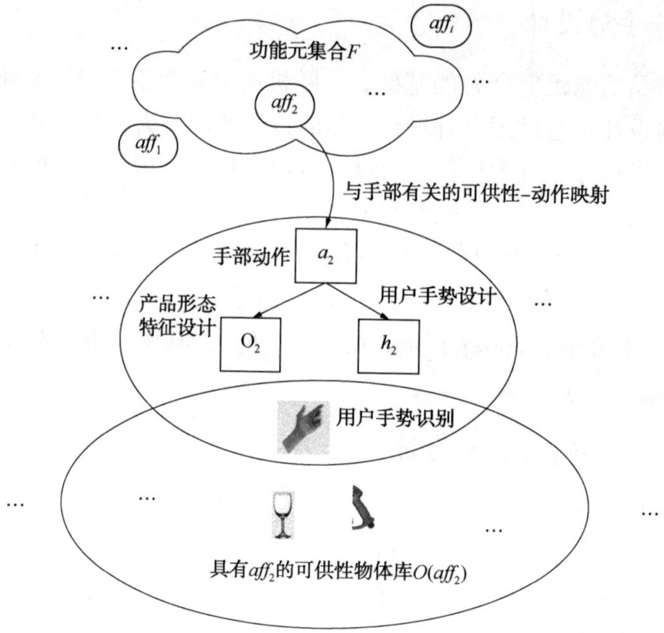


图 4-6 基于产品可供性 AHO 模板设计的可供性物体获取

## 4.5 实例验证

为了简化研究，以与手部操作相关的水杯“旋转”可供性为例，基于设计经验、形态流行趋势、用户调研等方法，由 3 名资深设计师给出“旋转”可供性的用户手势以及“旋转”可供性物体 10 件，同时设计“旋转”可供性的物体调查问卷，按照 2.3.1 小节的可供性物体筛选方法对物体可供性程度打分，实际发放问卷 85 份，调研人群为普通用户，有效问卷 82 份。通过初步筛选得到了以下 7 种不同形态的“旋转”可供性物体，依据可供性程度排序为：物体 5>物体 7>物体 3>物体 4>物体 6>物体 1>物体 2，如表 4-3 所示。

**表 4-3 初筛后的“旋转”可供性物体**

| “旋转”可供性物体 [$O(aff_1)$] |  $o_1(aff_1)$ |  $o_2(aff_1)$ |  $o_3(aff_1)$ |  $o_4(aff_1)$ |  $o_5(aff_1)$ |  $o_6(aff_1)$ |  $o_7(aff_1)$ |
|---|---|---|---|---|---|---|---|
| “旋转”可供性程度 | 89% | 87% | 94% | 93% | 100% | 92% | 95% |

对筛选出来的“旋转”可供性物体，采用 Leap Motion 进行物体可供性识别，实验平台基于 PC 平台（IntelX86），主机的配置是 2.0GHz 的 CPU 和 8GB 的 RAM，通过 USB 口与主机进行数据通信，带 GPU 显卡。“旋转”可供性物体的可供性识别具体步骤如下：

（1）选择 30 名不同身份的被试；

（2）将 7 个用于测试的可供性物体置于桌上，将“旋转”可供性描述贴于桌上，被试依次进入房间绕桌子走一周，在普通光线的背景条件下，每人依据第一感觉对测试物体分别完成旋转操作动作，为了避免物体对手遮挡而造成手势识别困难，采集手部-物体交互的交互图像和除去物体的手势图像，要求图像清晰、手部完整，不要求被试必须对每个物体进行操作；

（3）通过 Leap Motion 拍摄采集用户自然状态下“旋转”可供性测试中交互图像和测试手势图像，其中包括了不同性别、不同大小、光照、遮挡等影响因素，获得“旋转”可供性的测试手势图像如表 4-4 所示。

**表 4-4 “旋转”可供性的部分测试手势图像**

| “旋转”可供性的测试手势图像 $C_i$ | | “旋转”可供性物体 $O(aff_1)$ | | | | | | |
|---|---|---|---|---|---|---|---|---|
| | | 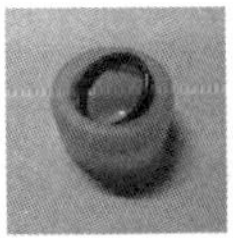 $o_1(aff_1)$ |  $o_2(aff_1)$ |  $o_3(aff_1)$ |  $o_4(aff_1)$ |  $o_5(aff_1)$ |  $o_6(aff_1)$ |  $o_7(aff_1)$ |
| 被试 1 | $c_1$ |  |  |  |  |  |  |  |
| 被试 2 | $c_2$ | 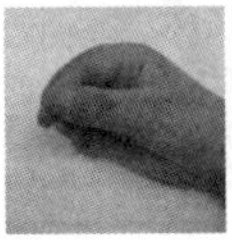 |  |  |  |  |  | 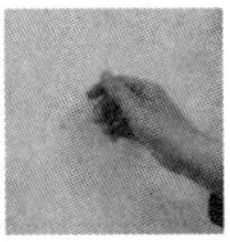 |

续表

| "旋转"可供性的测试手势图像 $C_i$ | | "旋转"可供性物体 $O(aff_1)$ | | | | | | |
|---|---|---|---|---|---|---|---|---|
| | | 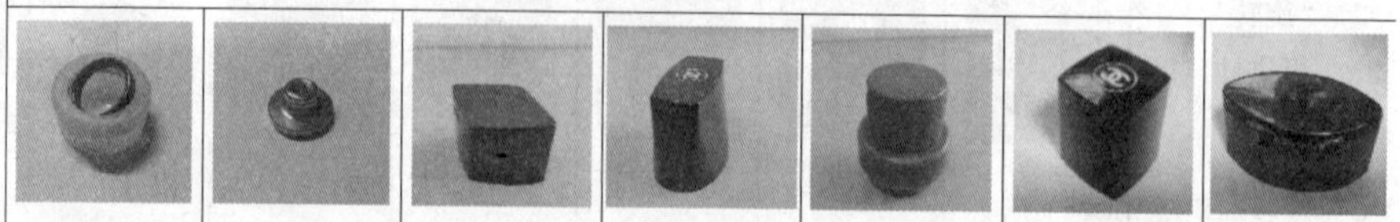 | | | | | | |
| | | $o_1(aff_1)$ | $o_2(aff_1)$ | $o_3(aff_1)$ | $o_4(aff_1)$ | $o_5(aff_1)$ | $o_6(aff_1)$ | $o_7(aff_1)$ |
| 被试3 | $c_3$ | 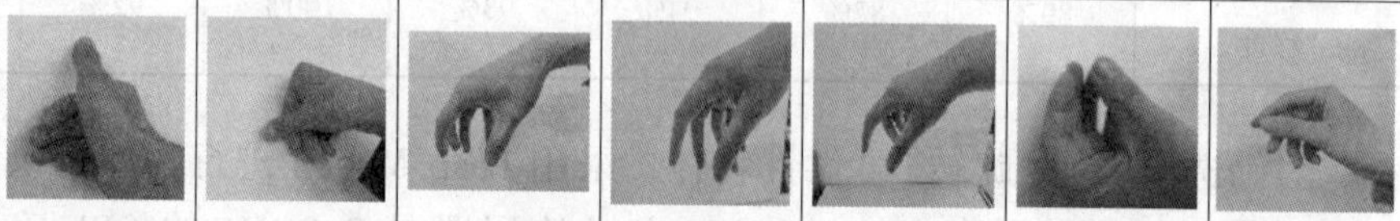 | | | | | | |
| 被试4 | $c_4$ | 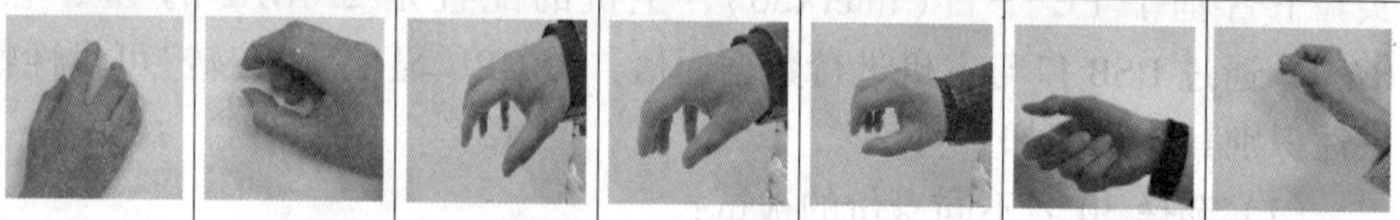 | | | | | | |
| 被试5 | $c_5$ | 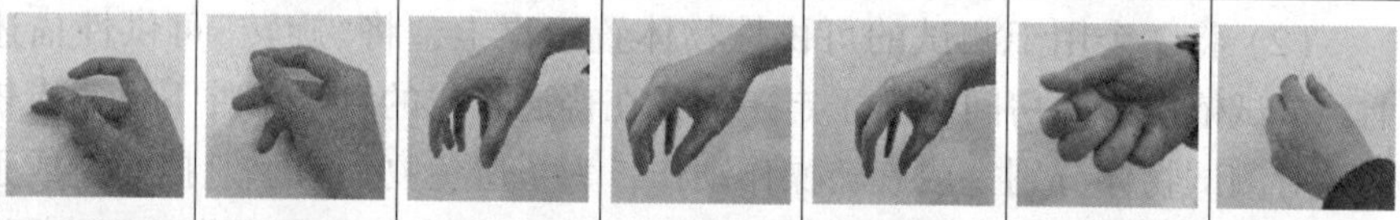 | | | | | | |
| 被试6 | $c_6$ | 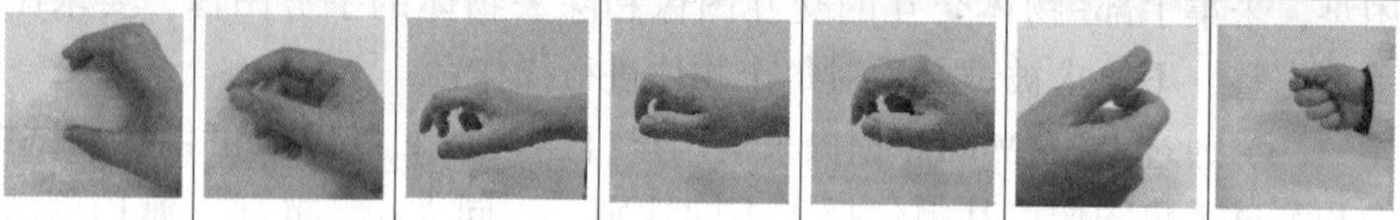 | | | | | | |
| 被试7 | $c_7$ | 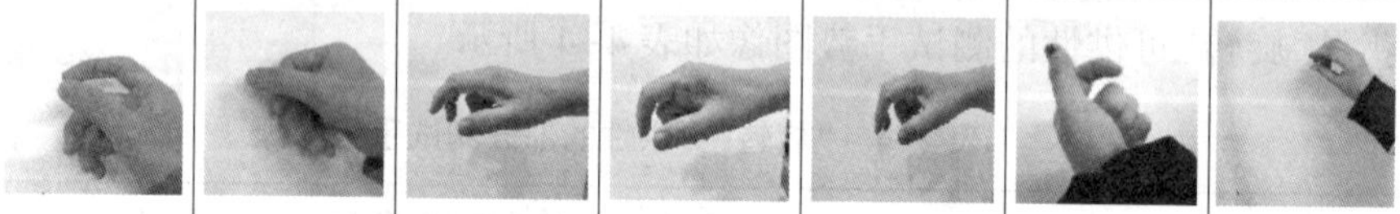 | | | | | | |
| 被试8 | $c_8$ | 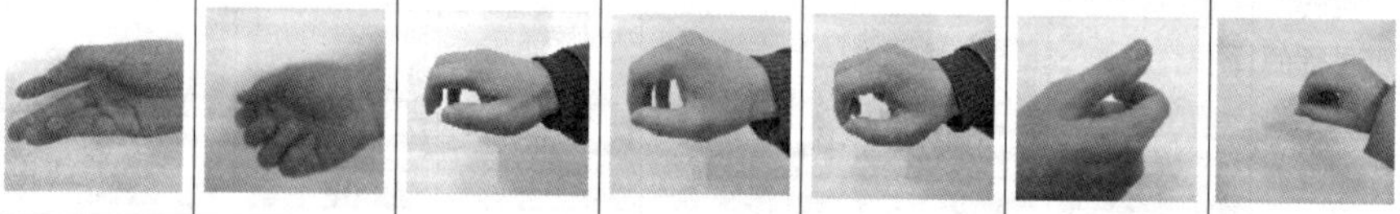 | | | | | | |
| 被试9 | $c_9$ | 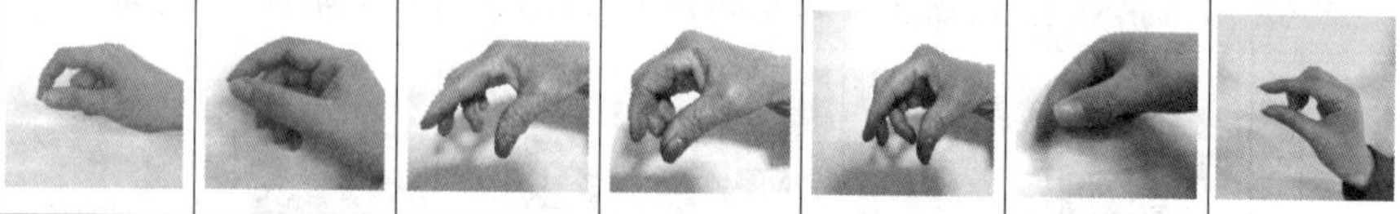 | | | | | | |
| 被试10 | $c_{10}$ | 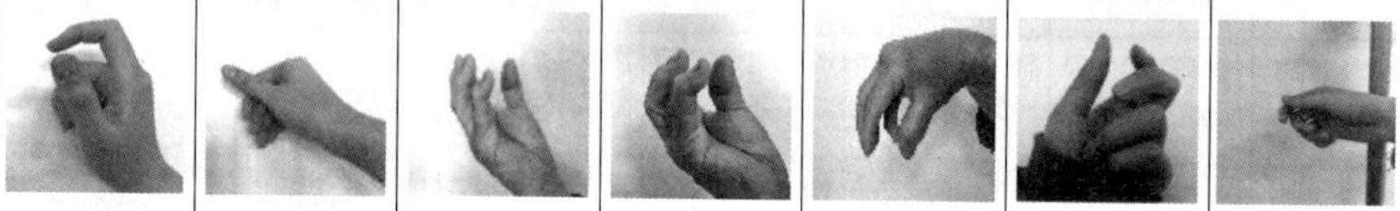 | | | | | | |

应用 Leap Motion 分别对 7 个“旋转”可供性物体的测试手势图像进行识别，依据同类测试手势出现频率识别物体可供性。以可供性物体 4 为例，部分测试手势特征图像如表 4-5 所示，通过对手势关键特征点两两比对，并通过数理统计方法得到同类测试手势 $h_2$ 出现频率为 97%，确定用户手势 $h_2$ 和相应的 $o_4(aff_1)$、$o_7(aff_1)$，并对可供性物体的商标信息、结构线等作灰度及去除处理以进行形态特征提取，从形态特征线和最小包围盒参数(长/宽/高)两方面提取“旋转”可供性物体形态特征，由此建立“旋转”可供性物体的形态特征库，如表 4-6 所示。同时，依据同类测试手势出现频率，没有和 $o_2(aff_1)$ 聚类的物体，因此 $o_2(aff_1)$ 物体被剔除。

**表 4-5 “旋转”可供性物体 4 的部分测试手势特征图像**

| $O_4(aff_1)$ | | | | | |
|---|---|---|---|---|---|
| 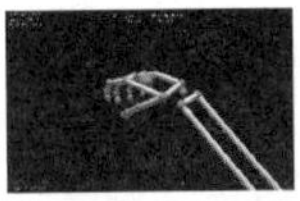 |  |  |  | 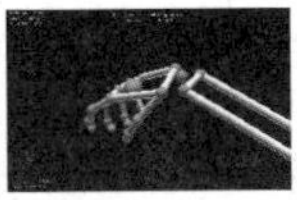 |  |
|  | 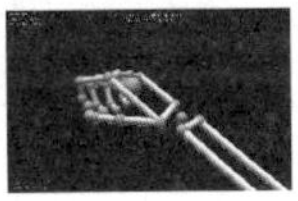 | 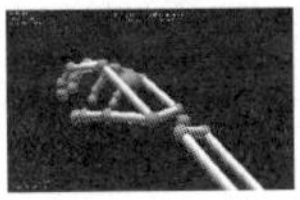 |  |  |  |

**表 4-6 “旋转”可供性物体库**

| 可供性 $AFF$ | 用户手势图像 $h_i$ | 可供性物体 $O(aff_1)$ | 同类测试手势出现频率/% | 可供性物体形态特征 | |
|---|---|---|---|---|---|
| | | | | 形态特征线集合 $C_{iw}(aff_i)$ | 最小包围盒参数(长/宽/高)/cm |
| $aff_1$ 旋转 | <br>$h_1$ | $o_3(aff_1)$<br><br>$o_5(aff_1)$<br> | 92% | 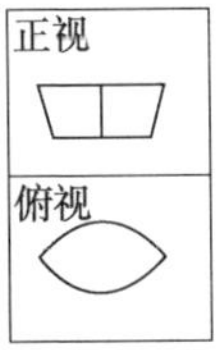<br>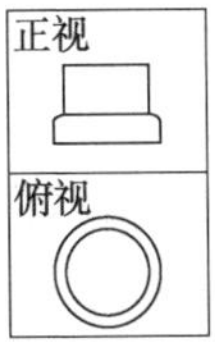 | 长：5.0≤$L$≤8.0<br>宽：5.0≤$W$≤6.0<br>高：3.0≤$H$≤5.0 |

续表

| 可供性 AFF | 用户手势图像 $h_i$ | 可供性物体 $O(aff_1)$ | 同类测试手势出现频率/% | 可供性物体形态特征 | |
|---|---|---|---|---|---|
| | | | | 形态特征线集合 $C_{iw}(aff_i)$ | 最小包围盒参数 (长/宽/高)/cm |
| $aff_1$ 旋转 | <br>$h_2$ | $o_4(aff_1)$<br><br>$o_7(aff_1)$<br> | 97% | 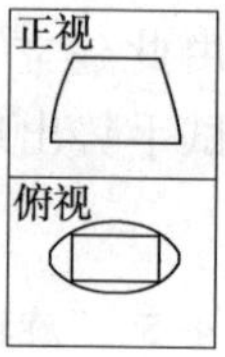<br>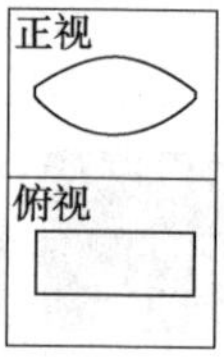 | 长：3.5≤$L$≤6.5<br>宽：3.0≤$W$≤3.5<br>高：2.5≤$H$≤5.5 |
| | 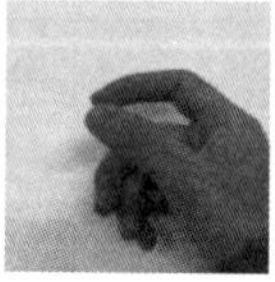<br>$h_3$ | $o_1(aff_1)$<br><br>$o_6(aff_1)$<br> | 95% | 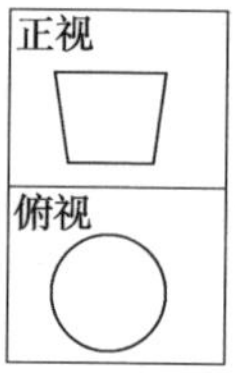<br>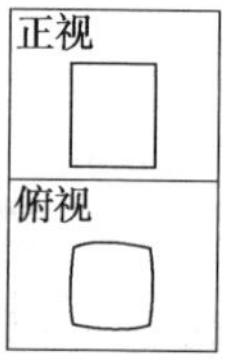 | 长：3≤$L$≤3.5<br>宽：3≤$W$≤3.5<br>高：2.5≤$H$≤4.5 |

同时，基于水杯可供性需求，依据人机工程学，资深设计师和人机领域专家从用户手势和水杯形态特征元素两个方面进行“旋转”和“握持”可供性 AHO 模板设计。然后，通过用户手势 $h_1$ 和 $h_2$ 识别从可供性物体库中获取水杯可供性物体，如表 4-7 所示，为后续水杯形态设计提供高效辅助。

**表 4-7 基于“旋转”和“握持”AHO 模板设计的可供性物体获取**

<table>
<tr><td>水杯可供性<br>AFF</td><td colspan="3">水杯可供性 AHO 模板设计</td><td>可供性物体 $O(aff_i)$</td></tr>
<tr><td rowspan="3">$aff_1$<br>旋转</td><td rowspan="2">用户手势设计</td><td>动作 $a_1$</td><td>转动：物体不连续地绕着一个轴或中心移动</td><td rowspan="3"></td></tr>
<tr><td>手势 $h_1$</td><td></td></tr>
<tr><td>水杯形态元素设计</td><td>直径</td><td>成年男性手部最大握径约为 55mm，成年女性约为 40mm</td></tr>
<tr><td rowspan="3">$aff_2$<br>握持</td><td rowspan="2">用户手势设计</td><td>动作 $a_2$</td><td>握持：将物体维持、抓握</td><td rowspan="3">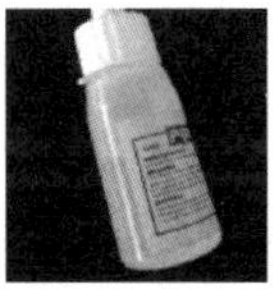</td></tr>
<tr><td>手势 $h_2$</td><td>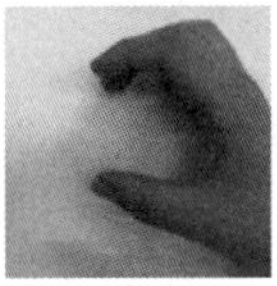</td></tr>
<tr><td>水杯形态元素设计</td><td>直径、高度</td><td>无柄杯具的直径在 65mm 以内，直径超过 65mm 的应增加把手或特殊设计，室内用口杯的杯身高度一般为 90~120mm</td></tr>
</table>

## 4.6 本章小结

为了寻找和获取相应的可供性物体，将其形态特征元素移植到产品形态设计中，本章提出了一种基于手势识别技术的产品可供性物体获取方法。具体研究如下：

(1) 从人机交互情景分析物体可供性，利用物体可供性的互补特性，构建了物体可供性 AHO 模板，表达了物体可供性在用户和物体两方面的特性；

(2) 构建了应用 Likert 五级量表，对物体可供性程度打分，根据拉依达准则筛选可供性物体的方法；

(3) 应用 Leap Motion 技术，依据同类测试手势出现频率识别物体可供性，进而发现物体可供性中的用户手势和物体形态特征的映射规律，进而实现可供性物体库的建立；

(4) 应用产品可供性 AHO 模板进行用户手势设计和产品可供性形态特征元素设计，在可供性物体库中获取可供性物体及其形态特征元素；

(5) 以水杯可供性“旋转”为例，验证了本章所提方法的有效性和可行性。

本章所提方法能够发现物体中蕴含交互行为的形态特征信息，帮助设计人员快速定位、获取产品可供性物体，提高可供性物体形态特征元素的获取和应用质量，以便对产品形态进行有针对性的设计，为面向可供性的产品形态设计打下基础。

# 5 基于可供性的自适应免疫遗传产品形态设计

第 4 章中获取到产品可供性物体及形态特征元素，2.4 小节提到基于可供性的产品形态融合创新设计最终使产品形态在满足情感属性基础上同时满足可供性，通过产品可供性物体形态特征改变产品形态特征可以提升产品可用性。而目前产品形态设计过程面临三个问题：①基于可供性的设计方法仅是人工定义、筛选具有可供性形态，缺乏用户参与和科学、智能化的方法，难以有效反映用户的行为偏好，无法满足未来智能以及敏捷化等方面的设计需求；②以情感语义作为基础的设计方法，更多关注形态特征与情感语义的具体映射关系，难以同步解决产品形态的功能认知；③当前系统基于产品功能提供相应形态特征信息及方案，难以满足形态创新设计环境开放的需求。

产品形态是能够被感知的特征集合，可以通过形态的情感基因和交互基因表达情感和交互关系。为了解决上述问题，本章提出了一种基于可供性的自适应免疫遗传产品形态设计方法，通过搜索符合情感语义的优秀形态方案并生成初始种群后，对其执行交叉、变异等遗传操作，同时将基于可供性提取的疫苗依据接种概率对个体进行接种，并使用反向转播神经网络评估个体适应度，通过反复迭代优化得到具有可供性的形态设计方案，一定程度上减少了用户误操作，提高了产品形态设计效率和质量，与传统的产品形态设计方法相比，具有独特优势，如表 5-1 所示。

表 5-1　基于可供性的自适应免疫遗传产品形态设计与传统产品形态设计对比

| 对比内容 | 基于可供性的自适应免疫遗传产品形态设计 | 基于可供性的形态设计 | 基于情感语义的产品形态设计 |
|---|---|---|---|
| 设计观点 | 形态追随行为，约束于情感 | 形态追随行为 | 形态追随情感属性 |
| 研究手段 | 基于可供性物体形态元素提取，应用自适应免疫遗传方法融合创新 | 基于可供性物体形态元素提取，人工应用移植的设计手法融合创新 | 基于情感语义形态特征元素提取，应用自适应遗传方法融合创新 |
| 研究目标 | 计算机辅助设计师形成具有情感和可供性属性的产品形态方案 | 以人工方式定义、提供具有可供性的形态方案 | 计算机辅助设计师形成具有情感语义属性的形态方案 |

续表

| 对比内容 | 基于可供性的自适应免疫遗传产品形态设计 | 基于可供性的形态设计 | 基于情感语义的产品形态设计 |
|---|---|---|---|
| 产品形态属性 | 情感语义性、可供性 | 可供性 | 情感语义性 |
| 设计目的 | 以用户为中心 | 通过设计产品的物理属性指导用户行为 | 通过设计产品外观和界面辅助用户理解产品 |
| 设计水平 | 反思水平、行为水平、本能水平 | 行为水平、本能水平 | 反思水平 |

## 5.1 遗传算法

遗传算法模仿相关的自然选择以及遗传进化等方式来设计搜索、寻优等基础方案。遗传算法本质为较为特殊的群体迭代场景，结合任意选择的代表问题确认相关的初始种群，种群之中的不同个体都通过染色体的基因编码加以表述，代表一个可行解。初始种群实际诞生之后，则是基于优胜劣汰的基本准则，可依靠选择、交叉以及变异等算子，进而获得新的、性能更为理想的种群，重复开展迭代处理，直至获得满足问题求解需求的个体方才停止。遗传算法的主要优势即结构较为简易，针对搜索空间并不进行限制，具备较为理想的通用性；即便其运用了概率搜索方式，但是有别于单纯的随机搜索，因其在实际的搜索迭代场景中可开发存储的遗传信息，从而判断下一代的具体搜索方向，还可依靠该方式来缩减搜索消耗的时间；特别是搜索空间相对复杂的情况下，实际采取的遗传算法能够彰显最优解所具备的优势，针对求解组合优化也极为关键。

遗传算法通过以下几种遗传算子来完成群体的选择以及优化：

(1) 选择算子

结合每个个体的具体适应度值完成复制至新群体的基础操作，它模仿了生物的自然选择现象，是一种基于适应度的优胜劣汰过程。通常来说，实际适应度值相对较大，那么被复制的概率也相对较大，则繁殖的子孙也会相对较多。

(2) 交叉算子

有性生殖生物在繁殖后代的情况下，两大染色体还可依靠交叉来实现重组，也就是在相同位置 DNA 进行切断的处理，前后两串则是采取了配套的交叉组合设计，还可称作基因重组。遗传算法的交叉算子将两个个体的相应部分进行交叉。首先，针对相关种群内的个体采取随机配对的处理方案；然后，对于配对的两个个体，针对相应的串长度范围实现随机获得单一或者较多的整数为交叉点，参考交叉概率对配对个体开展相应的交叉运算处理。

（3）变异算子

针对细胞开展相关复制处理，可基于相对较小的概率制造相关的复制差错，进一步让 DNA 出现较为特殊的变异现象，获得新的染色体，此类染色体代表诞生了新的性状。变异算子基于相对偏小的变异概率，通过随机的方式转变新种群之中特定个体的某些位。变异自身则是随机搜索场景，可依靠该方式来恢复计算场景中丢失的重要信息，维持具体的多样性特征，还可依靠该方式来确认遗传算法的有效性。

遗传算法的基本程序为：

步骤 1：随机产生初始种群，而且个体数目一定，所有个体都表述成相应的染色体基因编码；

步骤 2：计算个体适应度，进一步判断具体优化准则，若是实际符合，则传输最优个体与相关的最优解，而且进行结束计算的相关处理，否则转移到步骤 3；

步骤 3：参考适应度的参数来确认相关的再生个体，适应度相对偏高的个体则实际选中概率相对偏高，适应度相对偏低的个体或被淘汰；

步骤 4：参照特定的交叉概率以及方法，获得相应的新个体；

步骤 5：参考特殊的变异概率以及方法，获得新的个体；

步骤 6：通过交叉、变异获得新种群，转移至步骤 2。

图 5-1 给出了遗传算法的基本执行流程。

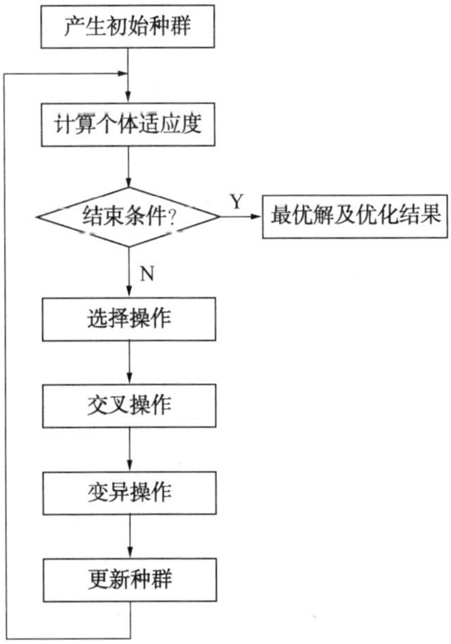


图 5-1　遗传算法基本执行流程

## 5.2 人工免疫系统原理

### 5.2.1 生物免疫原理

免疫系统代表相应的生物，尤其是脊椎动物以及人类需求的基本防御机构，涉及具备免疫功能的器官、细胞与基因等多个构成部分，可确保机体抗御病原体等的侵害。此类免疫功能是由生物长期进化和适应发展形成的，免疫可维持机体稳定反应，一般情况下对机体具备价值，但个别情况下存在有害的特征[131]。

抗原通常可刺激免疫系统实现相应的免疫应答，进而产生相应的抗体或者致敏淋巴细胞，还有着特异结合物质。抗原有两种功能：①刺激抗体产生免疫应答的免疫原性；②和产物间有特异性结合。在正常情况下，机体的自身物质或细胞不能刺激机体的免疫系统发生免疫应答，因此，一般抗原是指非己的异种或异体物质。

免疫应答依靠散布于全身的免疫细胞达成相应的实现，泛指全体加入免疫应答场景的各类关联细胞，主要为吞噬、NK 以及淋巴细胞等。核心为淋巴细胞，重点为 B 以及 T 细胞两类。B 细胞源自骨髓，核心功能为制造相关抗体，执行配套的特异体液免疫，实际过程则是依靠 T 细胞进行控制。T 细胞则是源自胸腺，执行特异免疫以及调节等机制[132]。

免疫主要有先天以及后天两类。后天代表抵抗疾病积累培养的基本抗病能力。当前人工免疫场景中，重点参照后天免疫，基本方式即免疫识别各类细胞，辨别细胞归属自身或外界，针对非自身细胞开展相关分类进而获得免疫机制。实际过程为在抗原入侵的情况下，一些 T 细胞辨识抗原归属于外来物，后续则是通知关联的 B 细胞，B 细胞进行分化以及增殖等，抗体和抗原之间产生结合，进而实现无害化的效果，实现基本的抵抗，之后免疫系统存留一些 B 细胞为后续抵抗基础。图 5-2 所示为基本的免疫系统示意图[133]。

结合生物信息处理的机制来分析，其具备下述基础特征：

（1）多样性：即抗体库具备该特征，进而有效控制入侵抗原；

（2）容错性：即分类以及响应场景中小错误可避免出现大错误；

（3）分布自律性：即通过很多局部单元完成全局保护，并不涉及集中控制；

（4）动态稳定性：即需消除不断变化的外来抗原入侵，且维持稳定的状态；

（5）自适应鲁棒性：即具备较为理想的学习能力，伴随环境改变而持续优化，可自适应鲁棒进化。

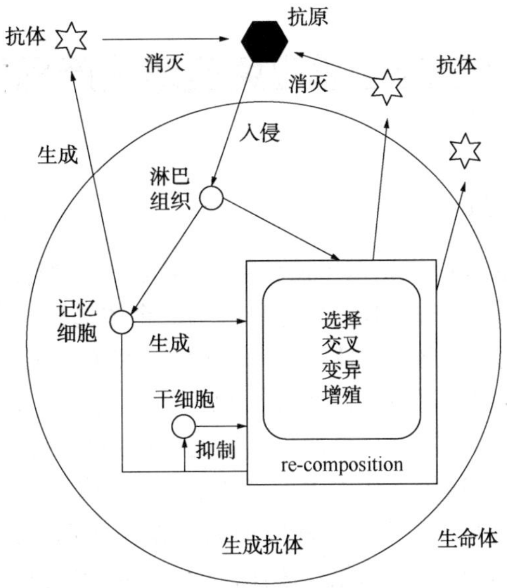


图 5-2 生物免疫系统示意图

### 5.2.2 人工免疫系统

应用相关免疫机理，进而构建了人工免疫系统的方法与理论，研究内容有下述几个方面[131]：

(1) 人工免疫系统模型的研究

因为免疫系统自身较为复杂，而且模型分析也显著较少，主要有基于抗原-抗体相互结合特征比较系统的人工免疫系统模型、基于自然免疫系统种群控制机制资源限制的人工免疫系统方法、基于抗体单元功能非网络的人工免疫系统模型等。

(2) 免疫机理的研究

免疫系统作为 $10^7$ 个免疫子网络所组成的庞大网络，其实际原理较为复杂，特别是相关的信息处理以及机体防御等机制，而且还可对工程应用提供相关的新概念、理论以及方案，此类原理重点为记忆学习以及反馈机制等。

(3) 人工免疫算法的研究

由于对免疫机理的认知深度有所不足，因此，针对免疫算法的分析重点为利用免疫机理优化其他算法进而构建新的算法，类似于免疫-遗传算法等，针对人工免疫系统的算法分析相对较少。

人工免疫具备较为丰富的功能，类似于学习、多样性等。免疫系统实际具备的此类特征，引发了学界的高度关注，结合免疫学原理设计新的算法以及技术，在很多工程研究中导入免疫概念，进而获得了较为满意的效果。

# 5.3 基于可供性的自适应免疫遗传产品形态设计方法

## 5.3.1 免疫遗传算法

免疫遗传算法(IGA)[134]是基于遗传算法(GA)的。遗传算法[135,136]用基因的演化过程来表示问题的求解过程，依靠种群内的个体选择、交叉以及变异，进一步得到最为适应环境的个体(即最佳或满意解)。然而，遗传算法有两个主要的缺点——随机搜索可能获得更好的个体，也可能获得更差的个体，即退化现象；此外特定应用领域一些基本而显著的特点也无法得到利用。因此，在保留遗传算法优点的基础上，免疫遗传算法采用了一种新的免疫操作，有选择和有目的地利用应用领域的特点和知识，从应用领域抽取疫苗用于防止进化过程中的退化现象，进化选择中依靠接种疫苗和免疫选择，进而指导相应的搜索进程，从而得到更加理想的抗体(解)。免疫遗传算法的流程图如图 5-3 所示。

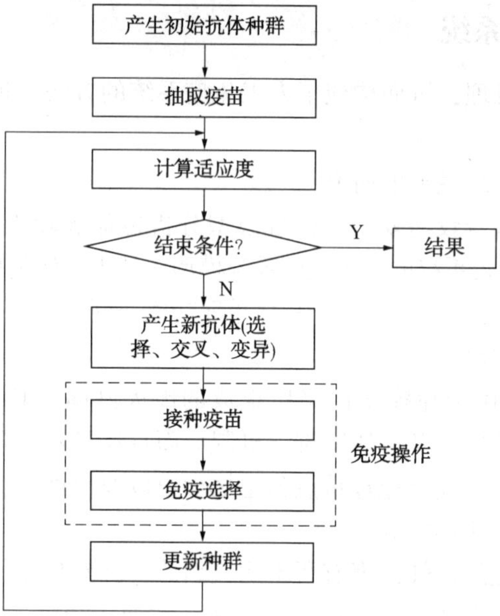


图 5-3　免疫遗传算法流程图

首先，随机生成初始的抗体种群；其次，针对所求解的问题，对抗原开展相应的具体分析，进一步抽取出最基本的特征信息，即疫苗(Vaccine)；最后，按照遗传算法的标准步骤进行计算适应度、选择、交叉、变异等遗传操作，而在变异后，该算法增加了一个步骤——免疫选择。

2.4.3 小节中将产品可供性物体与产品形态融合设计，事实上是依靠科学方式来获得具有可供性的形态特征元素，在开展形态特征元素重组的过程中，其较为接近生物遗传免疫。而在形态设计中应用遗传算法，进化过程中易产生早熟收敛，同时也难以保障种群多样性。免疫算法可满足多峰值寻优，因此，本书采用自适应免疫遗传演化算法[53]，对产品形态的相关特征元素开展基因编码处理，采用具有可供性的片段当作疫苗，通过疫苗接种和基于亲和度的选择，在演化过程中加快收敛进而维持种群多样性。此外，依据接种效果，对疫苗接种概率进行自适应调节，实现较为理想的形态特征基因重组与设计。采用反向传播神经网络（Back-Propagation Neural Network，BPNN）对个体进行适应度评价，本书中简称神经网络，使产品形态在情感语义的基础上，良好地继承可供性物体形态特征，获取用户交互行为判断的产品形态解，进一步实现具有理想用户体验的形态方案，针对形态特征的提取、分析及调整等进行开放及多样化的辅助，以产生理想的形态设计效果。

## 5.3.2　基于可供性的自适应免疫遗传产品形态设计框架

结合上述分析，基于可供性的产品形态设计框架和流程如图 5-4 所示，其中实线表示控制流，虚线表示数据流。

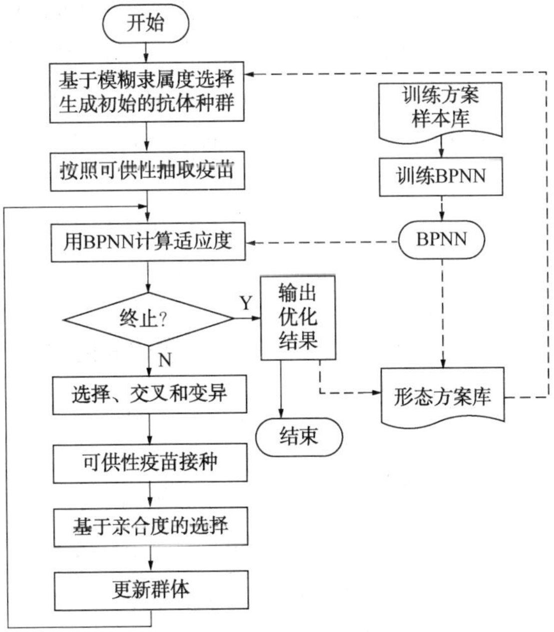


图 5-4　基于可供性的自适应免疫遗传产品形态设计框架

步骤 1：选定若干经典方案，人工评估其情感向量，构建训练方案库，以此训练 BPNN。

步骤 2：设计师依据项目要求确定形态设计的目标情感，基于模糊隶属度在形态方案库中查询形态方案，初始种群集合按照随机方法生成。

步骤 3：按照领域专家等建议，完成产品可供性需求下的疫苗抽取。

步骤 4：应用适应度函数评价个体适应度值，判断优劣，如果满足结束条件(如最大迭代次数)，退出并得到最优解，转步骤 6，否则继续。

步骤 5：利用选择、交叉、变异、接种等方式来实现种群进化，进入步骤 4。

步骤 6：按最终结果整合最优个体开展 3D 建模等完成设计，进而输出符合需求的形态方案。

适应度函数为遗传算法的重点操作，依靠该方式来判断形态个体的优势与不足，为了减少人工评价的烦琐以及重复，提高整体的设计智能性，并考虑到人工评估的主观性、模糊性和复杂性，采用神经网络将形态特征语义空间进一步映射到情感语义空间，使其能够在样本进化过程中，学习评价者的形态情感语义评价，从而得到期望输出。

(1) 神经网络优化模型

神经网络具有很强的非线性映射能力，具有自适应、自组织和容错等特性。神经网络具有学习能力和泛化能力，分别由训练误差和测试误差反映。训练误差和测试误差分别是指对于学习样本集和测试样本集，在相同的输入下，神经网络输出和期望输出的偏差，它们都以均方差表示[137]。为了保证神经网络的学习能力和泛化能力，应结合实际问题特点选择适度复杂的神经网络。对于神经网络，输入层神经元数、输出层神经元数、隐层神经元数和学习样本数存在以下关系[138]：

$$(I+1)\cdot H+(H+1)\cdot J\leqslant K\cdot I \tag{5-1}$$

式中 $I$、$J$、$H$——输入层、输出层和隐层神经元数；

$K$——学习样本数。

以情感语义向产品形态的映射为输入，以方案的最优意象评价值为输出，建立神经网络优化模型，如图 5-5 所示。

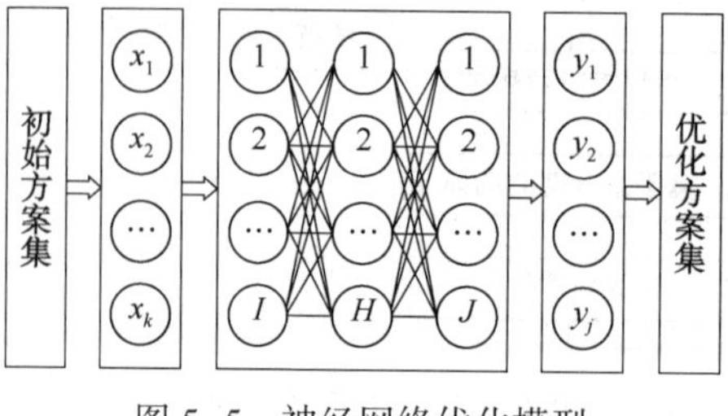


图 5-5　神经网络优化模型

（2）神经网络学习算法

对初始产品形态样本，结合免疫遗传设计方法，在免疫遗传后的形态区间中随机生成初始形态样本，由用户对产品形态样本进行评价，则神经网络学习样本集合为：

$$S_l=\{[x_i,\ f(x_i)]\},\ i\in\{1,\ 2,\ \cdots,\ N_l\} \tag{5-2}$$

式中 $f(x_i)$——样本 $x_i$ 的适应度值；

$N_l$——初始学习样本数量。

当学习样本数量达到网络学习所需下限时，采用 BP 算法学习，以得到 $x_i$ 的近似适应度值 $\hat{f}(x_i)$。由用户对进化样本 $x'_i$ 进行评价，则得到测试样本集合为：

$$S_t=\{[x'_i,\ \hat{f}(x'_i)]\},\ i\in\{1,\ 2,\ \cdots,\ N_t\} \tag{5-3}$$

式中 $\hat{f}(x'_i)$——进化样本 $x'_i$ 的适应度值；

$N_t$——测试样本数量。

将进化样本 $x'_i$ 作为网络的输入，近似适应度值 $\hat{f}(x'_i)$ 作为神经网络的输出，则可得到估计值与期望值之间的误差为：

$$\sigma=\sqrt{\frac{1}{N_t}\sum_{i=1}^{N_t}[f(x'_i)-\hat{f}(x'_i)]^2} \tag{5-4}$$

根据公式（5-4）可以判断神经网络学习的效果。

（3）神经网络学习过程

应用神经网络对产品形态方案样本的情感语义评价进行学习，该过程可以分为两个阶段。

① 初始种群生成阶段

由系统生成初始种群，以表现型方案的形式展现给评价者，由评价者进行交互评价生成产品形态方案的适应值，供神经网络学习训练。

② 遗传进化阶段

判断学习精度是否达到预设阈值 $\sigma_1$，若 $\sigma<\sigma_1$，则由神经网络进行评价，否则，神经网络需要继续学习，由评价者进行交互评价直到达到预设学习精度。同时，在遗传进化阶段，当达到预设阈值且评价者并未疲劳时，可由评价者继续交互评价，以提高神经网络的学习效果。

由上述可知，神经网络学习需要样本数为 $N_l$，神经网络测试需要样本数为 $N_t$。设进化种群规模为 $N_i$，进化至 $t_1$ 代时达到稳定，则在种群进化过程中评价者参与评价的总个体数为 $N_i\cdot t_1+N_l+N_t$。为了减小参与评价者评价的疲劳度，一般令 $N_i\leqslant 12$[139]。

## 5.4 基于可供性的自适应免疫遗传产品形态设计过程

如图 5-6 所示，基于可供性的自适应免疫遗传产品形态设计过程包括形态分析、免疫遗传形态设计和产品可用性评价与细化设计三个阶段。

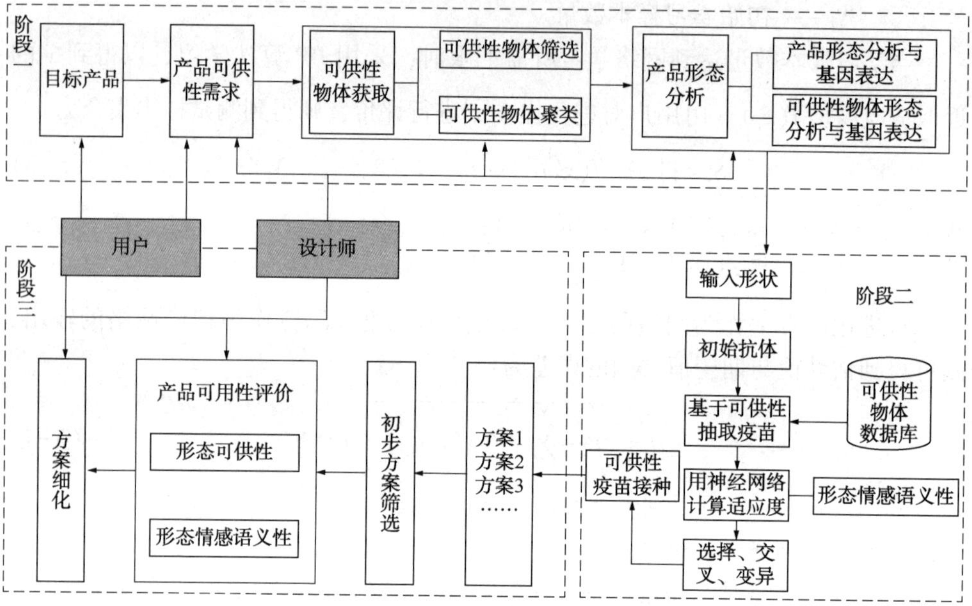


图 5-6 基于可供性的自适应免疫遗传产品形态设计过程

(1) 形态分析阶段

结合设计任务，通过对交互行为需求的挖掘与处理，确定产品可供性需求，根据可供性物体筛选方法（见 2.3.1 小节），结合 Leap Motion 技术的物体可供性识别进行可供性物体聚类，筛选聚类后的可供性物体集合为 $O(aff_i)=\{o_1(aff_i), o_2(aff_i), \cdots, o_p(aff_i)\}$。按照形态构成分解方法（见 2.4.2 小节），由设计师对产品可供性与形态的映射分析进行产品形态和可供性物体形态分析，用于第二个阶段的免疫遗传形态设计。

(2) 免疫遗传形态设计阶段

由阶段一分析得到的产品形态基因表达，进行免疫遗传形态设计推理。该阶段既有对情感语义形态指标的演变，又有对可供性物体形态要素的继承与变异。由资深设计师从可供性物体数据库中选择、抽取疫苗，输入形态情感语义性约束进行形态演化。

（3）产品可用性评价与细化设计阶段

对免疫遗传推演生成的形态方案，由设计师与用户共同通过产品可用性评价筛选形态概念方案和确定最终产品形态方案，最后进行三维模型构建与效果图制作。

## 5.4.1　产品形态分解

产品形态分解是在满足产品功能集合 $F$ 的基础上，结合用户-产品之间的可供性 $AFF$ 需求，对产品形态进行区分，确定产品各部件 $u_i$ 的结构、形状等。依据2.4.2小节中产品形态构成分解方法，在满足产品功能 $F$ 的基础上，结合189条语法规则[140]和设计师的经验，依据“从 $f_i$ 到 $u_i$”的映射，将产品的功能集合 $F$ 映射到产品的部件集合 $U$，例如：携带-杯把、握持-杯身。

而产品功能是产品抽象的目的行为[141]，产品可供性包括产品的目的行为、意图行为和操作行为，具有可见性。所以功能 $F$ 是产品可供性集合 $AFF$ 子集，$F$ 可以映射到 $U$ 的子集 $W$，最终，在功能的基础上，结合产品可供性需求使得产品各部件分解进而获得形态分解。

$$\begin{cases} AFF=\{aff_1,\ aff_2,\ \cdots,\ aff_n\} \\ F=\{f_1,\ f_2,\ \cdots,\ f_m\} \\ U=\{u_1,\ u_2,\ \cdots,\ u_n\} \\ W=\{w_1,\ w_2,\ \cdots,\ w_m\} \end{cases} \tag{5-5}$$

式中　$n$——产品可供性数量；

　　　$m$——产品功能数量。

功能、可供性和部件之间的映射关系，如图5-7所示。通过各部件的分解得到明确、具体的具有相应可供性的形态，去除结构、商标信息，作灰度处理，应用视图原理和二维绘图软件提取相应产品可供性的形态特征线集合 $C_{iw}(aff_j)$。

## 5.4.2　产品形态基因表达

依据形态分析法[140]，在形态分析过程中，产品形态特征主要由以下三方面构成：①规则性，用于表述形态的视图轮廓线的规律性（规律、无规律）；②曲率，用于表述形态的视图轮廓线的曲率变化（直、曲）；③比例，用于表述形态的视图轮廓线的长、宽比例（小、大）。

综合产品部件集合、形态特征以及形态的三视图，将所有产品部件 $U$ 的特征元素统一定义为特征向量 $C$，如式（5-6）所示。

$$C=[c_1,\ c_2,\ \cdots,\ c_m] \tag{5-6}$$

式中　$m$——特征向量的维数，即部件个数乘以3。

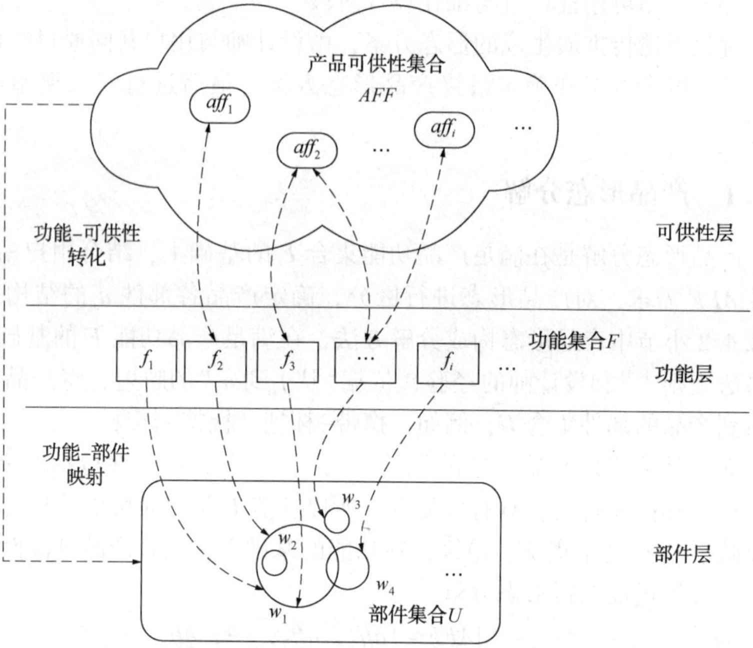


图 5-7　产品功能、产品可供性和部件的映射关系示意图

(1) 产品形态情感语义基因表达

本文应用语义区分法(Semantic Differential，SD)描述产品形态的情感语义属性[142]，表达用户对形态外部特征的心理感受及情感体验 $E$，如式(5-7)所示。同时需要一种量化的情感语义描述法来表达用户对形态外部特征的心理感受及情感体验，形态的情感语义评价采用 0.0~1.0 区间 11 级量表评价方法[143]，如表 5-2 所示，后续开展归一化处理，获取到形态各情感语义的模糊隶属度，完成"形态-情感语义"的映射，得到产品形态情感语义基因表达。

$$E=\{e_1, e_2, \cdots, e_n\} \tag{5-7}$$

式中　$n$——产品情感语义属性的个数。

**表 5-2　用 SD 法评价形态情感语义属性**

| 情感语义 $e_i$ | 属性 | $e_i$-极度 | $e_i$+极度 |
|---|---|---|---|
| | | 0.0 | 1.0 |
| $e_1$ | 性别 | 女性的 | 男性的 |
| $e_2$ | 速度 | 低速的 | 高速的 |
| $e_3$ | 性格 | 粗犷的 | 优雅的 |
| …… | …… | …… | …… |

具体方法如下：

① 广泛收集当下流行、典型的相关产品图片，多角度呈现；

② 邀请不同的人(如设计师、艺术家和特定用户群)感知产品样本后快速表达不同情感语义词汇；

③ 再由语言专家从语义词汇中依据相关产品的属性提炼出一组情感语义词对 $E$ 来描述设计目标；

④ 最后对所有问卷调查的评价进行归一化处理，完成“形态-情感性”的映射，获取形态各情感语义的模糊隶属度。

(2) 抗体基因表达

抗体表示具有相应可供性的一些形态特征基因片段，即可供性基因表达，基于式中的特征向量 $C$ 确认抗体基因，将[0.0，1.0]区间等分成 $k$ 个子区间，按照 SD 语义量化形态特征元素，则表示为一个特定的值，如式(5-8)所示。

$$[0.0 \quad 1/k \quad 2/k \quad \cdots \quad 1.0] \tag{5-8}$$

式中 $k$——正整数。

由于上述离散值序列长度为 $k+1$，基因编码需要 $\log_2(k+1)$ 个二进制位，抗体的完整基因 $B$ 如式(5-9)所示。

$$\begin{cases} B=[b_1 \quad b_2 \quad \cdots \quad b_l] \\ l=n \cdot \log_2(k+1) \end{cases} \tag{5-9}$$

式中 $l$——总的基因位数。

在得到满意解的情况下，$B$ 解码为相应形态方案。

## 5.4.3 疫苗抽取和接种

(1) 产品可供性物体抽取疫苗

产品可供性为产品功能的行为表现，源自某些形态特征元素。因此，依据可供性 $AFF$ 到部件 $U$ 的映射构建 $AFF$ 到 $C$ 的反向映射，将 $AFF$ 在 $C$ 上的投影即 $C$ 的子集定义为疫苗 $C_i(aff_j)$，如式(5-10)所示，它表示第 $j$ 个产品可供性的第 $i$ 个可供性物体的形态特征线集合。

$$C_i(aff_j)=(v_{i1}, v_{i2}, \cdots, v_{iw}) \tag{5-10}$$

式中 $j$——第 $j$ 个产品可供性；

$i$——第 $j$ 个产品可供性的第 $i$ 个可供性物体；

$w$——第 $i$ 个产品可供性物体的形态特征线数量。

(2) 疫苗接种

设计师或专家权重确定每一种疫苗的接种概率 $P_v$，按照每种疫苗的接种概率 $P_v$ 对一个抗体逐个接种，按接种效果自适应调节，整个抗体是否接种由免疫概率 $P_i$ 决定，如式(5-11)所示。

$$
\begin{cases}
P_{v_{\text{new}}}=\begin{cases}P_{v_{\text{old}}}+(1-P_{v_{\text{old}}})\cdot diff, & diff\geqslant 0\\ P_{v_{\text{old}}}\cdot(1+diff), & diff<0\end{cases}\\
diff=\dfrac{\sum\limits_{j=1}^{N_{P_i}}\left[f(B_j)_{\text{new}}-f(B_j)_{\text{old}}\right]}{N_{P_i}}
\end{cases}
\tag{5-11}
$$

式中 $N_{P_i}$——根据 $P_i$ 得到的接种抗体的个数；

$f(B_j)_{\text{old}}$——接种前抗体 $B_j$ 的适应度；

$f(B_j)_{\text{new}}$——接种后抗体 $B_j$ 的适应度。

在确定可供性形态特征的基因片段基础上，将其作为疫苗在演化过程中开展接种，对形态元素开展重组和设计。

### 5.4.4 基于情感语义构造适应度函数

采用产品形态的情感语义向量和目标情感语义向量的欧几里得距离建立适应度函数 $F$，如式(5-12)所示。对产品形态样本进行情感语义评估，被赋予不同多种权值，并使用欧几里得距离方法得到最终的评估结果，其可训练相关的神经网络，计算设计过程中的每个抗体(代表一个可行设计)的情感语义值，并和确定的目标情感语义值开展对比。

$$
\begin{cases}
E=\{e_1,\ e_2,\ \cdots,\ e_n\}\\
F=\dfrac{1}{\sqrt{\sum\limits_{j=1}^{n}(S_j^*-S_j)^2}}
\end{cases}
\tag{5-12}
$$

式中 $S$——当前抗体对应的情感语义值，BPNN 输出层；

$S^*$——设计目标情感语义值；

$S_j$——$S$ 的第 $j$ 维；

$S_j^*$——$S^*$ 的第 $j$ 维；

$n$——情感语义向量的维数。

个体适应度值越大，解的质量越高，对应的设计方案也越吻合设计目标特定的情感语义需求。

### 5.4.5 选择、交叉、变异和自适应策略

锦标赛方案开展父抗体选择，选定平均交叉法开展处理，依靠随机基因开展变异处理，代表两大变量进行交换。除此之外，参数 $P_c$(交叉概率)以及 $P_m$(变异概率)选择决定了遗传算法的行为和性能，所以可以加速收敛、保持种群的多样性。如式(5-13)~式(5-15)所示，通过 $P_c$、$P_m$ 和 $C_{mut}$ 实现自适应调节，抗体执

行的变异次数由 $C_{mut}$ 表达。

$$P_c=\begin{cases}P_{c_1}-\dfrac{(P_{c_1}-P_{c_2})\cdot(f'-f_{avg})}{f_{max}-f_{avg}}, & f'\geqslant f_{avg}\\ P_{c_1}, & f'<f_{avg}\end{cases} \tag{5-13}$$

$$P_m=\begin{cases}P_{m_1}-\dfrac{(P_{m_1}-P_{m_2})\cdot(f_{max}-f)}{f_{max}-f_{avg}}, & f\geqslant f_{avg}\\ P_{m_1}, & f<f_{avg}\end{cases} \tag{5-14}$$

$$C_{mut}=\max\left[1,\ \frac{(f_{max}-f)\times g\times n}{(f_{max}-f_{min})\times g_{max}}\right] \tag{5-15}$$

式中 $f_{max}$、$f_{min}$、$f_{avg}$——群体的最大、最小和平均适应度值；

$f'$——交叉的个体中较大的适应度值；

$m$——特征向量的维数；

$f$——进行变异个体的适应度值；

$g$——当前迭代；

$g_{max}$——最大迭代。

### 5.4.6 基于亲和度的选择

为确保多样性，结合亲和度的选择来确认进入下一代种群的具体抗体。相似度相对较高的抗体被赋予相对偏低的选择概率，该方法可控制相似抗体的过度繁殖，亲和度可参考信息熵的理论加以界定。

多样性：种群涉及 $N$ 个抗体，各个抗体存在对应的 $M$ 位基因，单个基因有 $S$ 个等位基因。那么第 $j$ 位基因具体的信息熵 $H_j(N)$ 为：

$$\begin{cases}H_j(N)=\sum\limits_{i=1}^{S}(-p_{i,j}\cdot \log p_{i,j})\\ p_{i,j}=\dfrac{1}{N}\cdot\sum\limits_{k=1}^{N}\begin{cases}1, & \text{第 } i \text{ 个等位基因出现在抗体 } k \text{ 的第 } j \text{ 个基因位置}\\ 0, & \text{其他情况}\end{cases}\end{cases} \tag{5-16}$$

例如，如果第 $j$ 位基因的所有等位基因都相同，则熵 $H_j(N)$ 等于 0。因此，反映多样性的平均信息熵 $H(N)$ 定义为：

$$H(N)=\frac{\sum\limits_{j=1}^{M}H_j(N)}{M} \tag{5-17}$$

亲和度：抗体 $x$ 和 $y$ 之间的亲和度定义为：

$$Affinity_{xy}=\frac{1}{1+H(2)} \tag{5-18}$$

式中，$H(2)$表示两个抗体 $x$ 和 $y$ 的信息熵，它的值在 0~1 之间，所有亲和度值构成一个 $N\times N$ 的三角矩阵。

密度：抗体 $x$ 的密度定义为：

$$Density_x = \frac{\sum_{y=1,\ y\neq x}^{N} Affinity_{xy}}{N-1} \tag{5-19}$$

抗体 $x$ 的选择权值定义为：

$$W_{sele_x} = \frac{1 - Density_x}{\sum_{y=1}^{N}(1 - Density_x)} \tag{5-20}$$

那么，选择权值规则化后得到选择概率：

$$P_{sele_x} = \frac{W_{sele_x}}{\sum_{y=1}^{N} W_{sele_x}} \tag{5-21}$$

## 5.5 实例验证

基于上面提出的框架，以水杯为实例进行验证，运用免疫遗传算法设计并实现了一个计算机辅助智能产品形态设计系统（Computer Aided Intelligent Product Form Design System，CAIPFDS）来验证算法和评估效果。系统采用 B/S（Browser/Server）架构，服务器端程序使用 node. js 框架开发，客户端采用 HTML5 开发，运行在浏览器平台上，无须安装和维护，并可跨平台（如 PC、平板电脑、手机等）使用。设计方案具有文档的特点，因此，后端数据库采用了 NoSQL 类型的开源数据库 MongoDB，它是一种面向文档的、高可扩展、高性能和高可用的数据库，同时它还保留了传统 SQL 数据库的一些优点。此外，演化优化算法和 BPNN 模块均使用 C++实现为 node. js 的插件，这种设计能获得更佳的系统性能。目前在 Windows7 上开发并部署，由于没有平台依赖的代码，很容易移植到 Linux 等系统上。此外，用户可灵活配置来满足不同产品的设计需求。

（1）水杯形态分解与基因表达

水杯产品是典型的用户驱动型产品，是日常生活中使用最频繁的产品之一，因此，本书以水杯为例展开实例验证，探求基于可供性的水杯形态设计，为用户驱动型产品形态提供参考。通过与产品生产厂家沟通，确定产品目标消费人群是外出随身携带、随时饮水的白领水杯用户。经过水杯可供性需求挖掘，依据目标用户交互行为需求，同时结合领域专家的建议，确定水杯可供性需求，为了简化，以“旋转”可供性为例进行验证。依据设计任务，结合领域专家的建议，设计师确定一组目标水杯可供性结构 $AFF$，并确定水杯产品的情感语义属性，如表 5-3 所示。首先，由 3 名经验设计师对现有水杯产品进行形态不完全分解，基于可供性将水杯形态分区分解为杯体、杯盖、拎带三个可供性配置，其他密封圈等为内部部件，故在分析时不予考虑，提取可供性形态特征线后得到水杯可供性-形态映射矩阵，如表 5-4 所示，由此得到水杯形态的基因表达，如表 5-5 所示。

**表 5-3　用 SD 法评价水杯形态样本的情感语义属性**

| 情感语义 $e_i$ | 属性 | $e_i-$<br>0.0 | $e_i+$<br>1.0 |
|---|---|---|---|
| $e_1$ | 现代 | 传统的 | 现代的 |
| $e_2$ | 年龄 | 年轻的 | 成熟的 |
| $e_3$ | 休闲 | 商用的 | 家用的 |
| $e_4$ | 力量 | 硬朗的 | 柔软的 |
| $e_5$ | 装饰 | 烦琐的 | 简洁的 |
| $e_6$ | 重量感 | 厚重的 | 轻巧的 |

**表 5-4　水杯可供性-形态映射矩阵**

<table>
<tr><td colspan="2" rowspan="3"></td><td colspan="3">水杯形态可供性配置图</td></tr>
<tr><td>杯身</td><td>杯盖</td><td>拎带</td></tr>
<tr><td>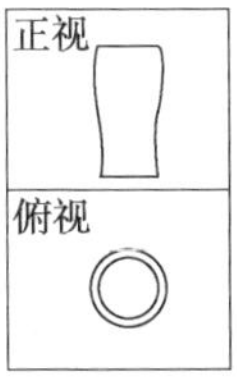</td><td>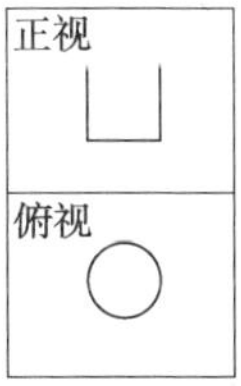</td><td>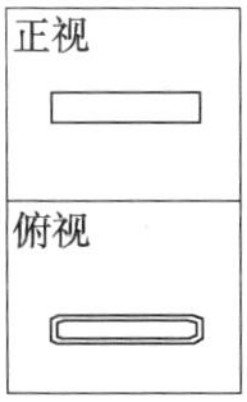</td></tr>
<tr><td rowspan="6">水杯可供性<br>AFF</td><td>握持</td><td>(+)</td><td></td><td></td></tr>
<tr><td>卫生</td><td></td><td>(+)</td><td>(+)</td></tr>
<tr><td>质量轻</td><td>(+)</td><td></td><td></td></tr>
<tr><td>旋转</td><td></td><td></td><td>(+)</td></tr>
<tr><td>导流</td><td></td><td>(+)</td><td></td></tr>
<tr><td>拎</td><td>(+)</td><td></td><td>(+)</td></tr>
</table>

**表 5-5　水杯形态基因表达**

| 杯身 | | | | | | 杯盖 | | | | | | 拎带 | | | | | |
|---|---|---|---|---|---|---|---|---|---|---|---|---|---|---|---|---|---|
| front 视图 | | | top 视图 | | | front 视图 | | | top 视图 | | | front 视图 | | | top 视图 | | |
| $C_1$ | $C_2$ | $C_3$ | $C_4$ | $C_5$ | $C_6$ | $C_7$ | $C_8$ | $C_9$ | $C_{10}$ | $C_{11}$ | $C_{12}$ | $C_{13}$ | $C_{14}$ | $C_{15}$ | $C_{16}$ | $C_{17}$ | $C_{18}$ |

(2) 水杯可供性物体疫苗抽取

根据第 4 章中水杯"旋转"可供性物体的获取与聚类实验结果，邀请两位资深设计师提取出 2 个独立的物体样本，接着绘制其俯视图、正视图等，对水杯"旋转"可供性物体形态特征元素进行基因表达，完成基于视图的疫苗提取，并依据设计师级别赋予每个疫苗接种概率，如表 5-6 所示。

**表 5-6　"旋转"可供性疫苗集合**

| 疫苗 $C_i(aff_j)$ | "旋转"可供性物体形态特征线 $v_{iw}$ | 特征元素 $C$ 规则 | 特征元素 $C$ 曲率 | 特征元素 $C$ 比例 | 接种概率 $P_v$ |
|---|---|---|---|---|---|
| $C_1(aff_1)$ | 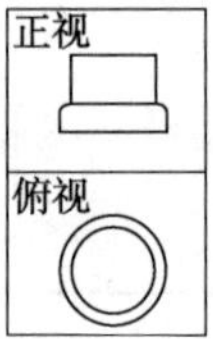 | $C_7$ 0.7 | $C_8$ 0.8 | $C_9$ 0.7 | 0.5 |
| | | $C_{10}$ 1.0 | $C_{11}$ 1.0 | $C_{12}$ 1.0 | |
| $C_2(aff_1)$ | 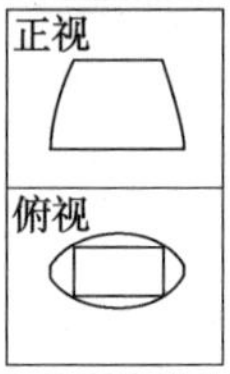 | $C_7$ 0.7 | $C_8$ 0.8 | $C_9$ 0.7 | 0.8 |
| | | $C_{10}$ 0.9 | $C_{11}$ 0.4 | $C_{12}$ 0.9 | |

(3) 训练 BPNN

基于产品的情感语义需求，选出已有的、成熟的、优秀的、最具代表性的 40 个设计方案及特征向量，并邀请 3 位设计师和领域专家手工评估了情感语义向量，将它们存入训练方案集合；再经过反复试验，采用 4 层 BPNN 来构造适应度函数，输入层的节点个数是特征向量的维数 18(水杯形态特征向量的维数)，输出层的节点个数是情感语义向量的维数 6，隐层节点个数为 20 和 16。这是平衡速度和准确性的结果。最终使用训练方案集合对 BPNN 进行训练达到预设定的误差以内，将相应的权值保存到数据库中。

(4) 免疫遗传推演阶段

经过对算法参数的调优，确定了种群大小为 40，最大迭代次数为 200，$P_{c_1}$ 为 0.9，$P_{c_2}$ 为 0.6，$P_{m_1}$ 为 0.1，$P_{m_2}$ 为 0.001，$P_i$ 为 0.3，$P_{v\_max}$ 为 0.9，$P_{v\_min}$ 为 0.3，

运行 8 次取最优解。依据设计目标语义为(0.8、0.4、不限定、0.3、不限定、0.5)，首先按照设计目标执行基于模糊隶属度的查询，并结合随机生成的个体构建初始种群，基于模糊隶属度查询并随机生成接近目标语义的初始种群及相应个体的形态语义评价值，如图 5-8 所示。

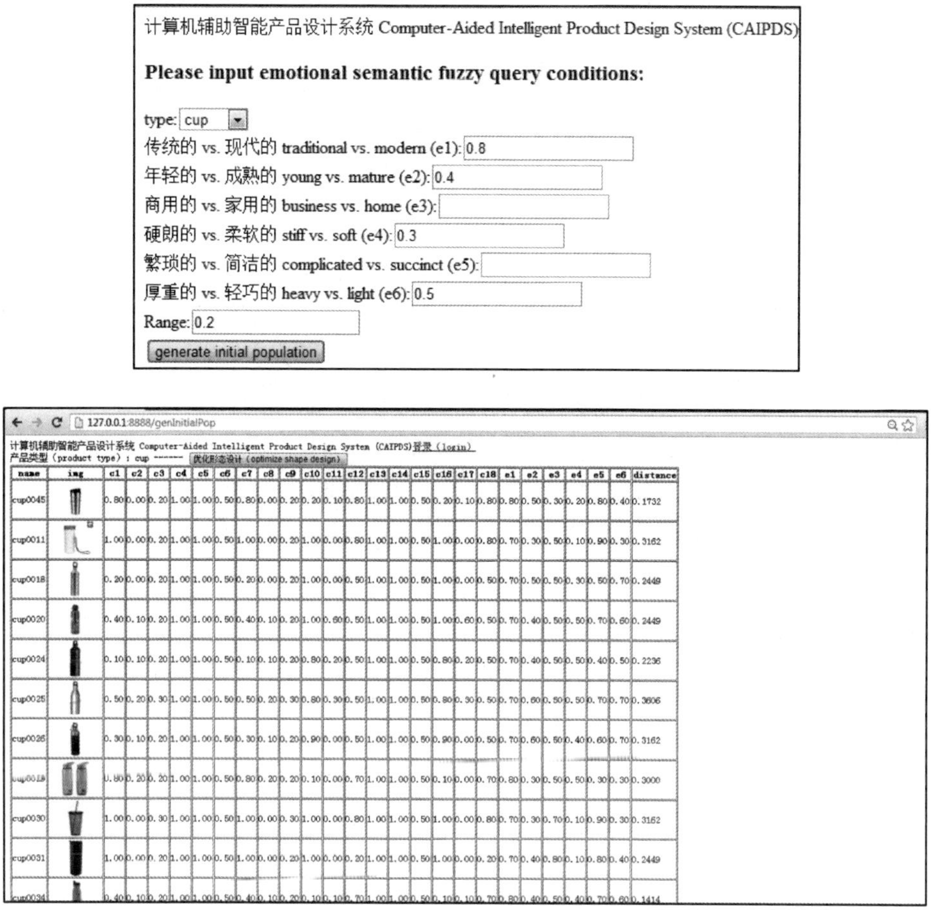

图 5-8　基于模糊隶属度生成初始种群

接着对迭代过程中的优化效果和性能进行了评估，通过运行 8 次，每次运行 200 次迭代并记录中间结果，可以看出随着迭代次数的增加，抗体的适应度在逐渐提高，并逐步收敛，如图 5-9 所示。图 5-10 是水杯形态优化后形态特征元素编码。图 5-11 为水杯形态在迭代过程中的线条优化过程，从图中可以看出，随着迭代次数增加，线条的优化效果明显。算法运行效率较高，在 Intel Core i5 2.5GHz 平台上单线程 200 次迭代运行 8 次仅用时约 900ms。通过迭代式优化得到最优的抗体，将其基因解码为相应的形态方案，如图 5-12 所示。最后设计师生成的最终优化形态方案如图 5-13 所示。

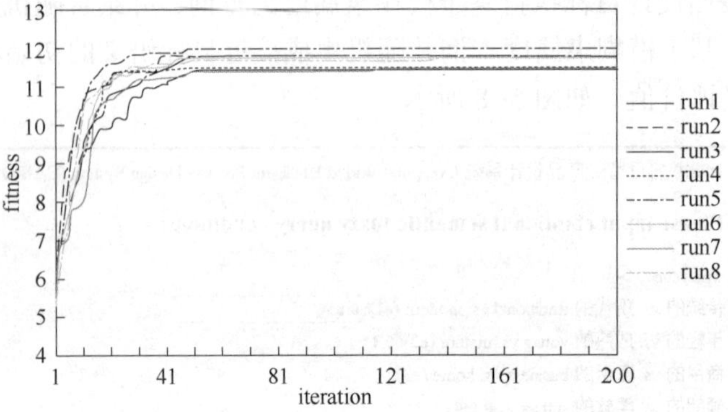


图 5-9　适应度随迭代次数增加而逐步提高与收敛

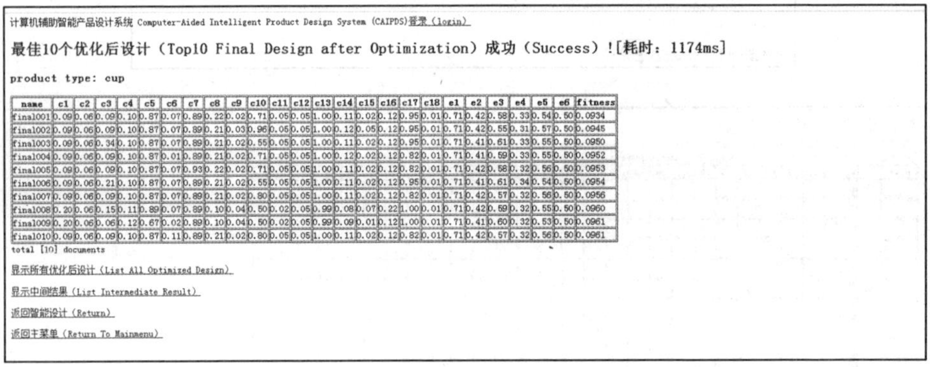

计算机辅助智能产品设计系统 Computer-Aided Intelligent Product Design System (CAIPDS)登录（login）

最佳10个优化后设计（Top10 Final Design after Optimization）成功（Success）![耗时：1174ms]

product type: cup

| name | c1 | c2 | c3 | c4 | c5 | c6 | c7 | c8 | c9 | c10 | c11 | c12 | c13 | c14 | c15 | c16 | c17 | c18 | e1 | e2 | e3 | e4 | e5 | e6 | fitness |
|---|---|---|---|---|---|---|---|---|---|---|---|---|---|---|---|---|---|---|---|---|---|---|---|---|---|
| final001 | 0.09 | 0.06 | 0.09 | 0.10 | 0.87 | 0.07 | 0.89 | 0.22 | 0.02 | 0.71 | 0.05 | 0.05 | 1.00 | 0.11 | 0.02 | 0.12 | 0.95 | 0.01 | 0.71 | 0.42 | 0.58 | 0.33 | 0.54 | 0.50 | 0.0934 |
| final002 | 0.09 | 0.06 | 0.09 | 0.10 | 0.87 | 0.07 | 0.89 | 0.21 | 0.03 | 0.96 | 0.05 | 0.05 | 1.00 | 0.12 | 0.05 | 0.12 | 0.95 | 0.01 | 0.71 | 0.42 | 0.55 | 0.31 | 0.57 | 0.50 | 0.0945 |
| final003 | 0.09 | 0.06 | 0.34 | 0.10 | 0.87 | 0.07 | 0.89 | 0.21 | 0.02 | 0.55 | 0.05 | 0.05 | 1.00 | 0.11 | 0.02 | 0.12 | 0.95 | 0.01 | 0.71 | 0.41 | 0.61 | 0.33 | 0.55 | 0.50 | 0.0950 |
| final004 | 0.09 | 0.06 | 0.09 | 0.10 | 0.87 | 0.01 | 0.89 | 0.21 | 0.02 | 0.71 | 0.05 | 0.05 | 1.00 | 0.12 | 0.02 | 0.12 | 0.82 | 0.01 | 0.71 | 0.41 | 0.59 | 0.33 | 0.55 | 0.50 | 0.0952 |
| final005 | 0.09 | 0.06 | 0.09 | 0.10 | 0.87 | 0.07 | 0.93 | 0.22 | 0.02 | 0.71 | 0.05 | 0.05 | 1.00 | 0.11 | 0.02 | 0.12 | 0.82 | 0.01 | 0.71 | 0.42 | 0.58 | 0.32 | 0.56 | 0.50 | 0.0953 |
| final006 | 0.09 | 0.06 | 0.21 | 0.10 | 0.87 | 0.07 | 0.89 | 0.21 | 0.02 | 0.55 | 0.05 | 0.05 | 1.00 | 0.11 | 0.02 | 0.12 | 0.95 | 0.01 | 0.71 | 0.41 | 0.61 | 0.34 | 0.54 | 0.50 | 0.0954 |
| final007 | 0.09 | 0.06 | 0.09 | 0.10 | 0.87 | 0.07 | 0.89 | 0.21 | 0.02 | 0.80 | 0.05 | 0.05 | 1.00 | 0.11 | 0.02 | 0.12 | 0.82 | 0.01 | 0.71 | 0.42 | 0.57 | 0.32 | 0.56 | 0.50 | 0.0956 |
| final008 | 0.20 | 0.06 | 0.15 | 0.11 | 0.89 | 0.07 | 0.89 | 0.10 | 0.04 | 0.50 | 0.02 | 0.05 | 0.99 | 0.08 | 0.07 | 0.22 | 1.00 | 0.01 | 0.71 | 0.42 | 0.59 | 0.32 | 0.55 | 0.50 | 0.0960 |
| final009 | 0.20 | 0.06 | 0.06 | 0.12 | 0.67 | 0.02 | 0.89 | 0.10 | 0.04 | 0.50 | 0.02 | 0.05 | 0.99 | 0.09 | 0.01 | 0.12 | 1.00 | 0.01 | 0.71 | 0.41 | 0.60 | 0.32 | 0.53 | 0.50 | 0.0961 |
| final010 | 0.09 | 0.06 | 0.09 | 0.10 | 0.87 | 0.11 | 0.89 | 0.21 | 0.02 | 0.80 | 0.05 | 0.05 | 1.00 | 0.11 | 0.02 | 0.12 | 0.82 | 0.01 | 0.71 | 0.42 | 0.57 | 0.32 | 0.56 | 0.50 | 0.0961 |

total [10] documents

显示所有优化后设计（List All Optimized Design）

显示中间结果（List Intermediate Result）

返回智能设计（Return）

返回主菜单（Return To Mainmenu）

图 5-10　水杯形态优化后形态特征元素编码

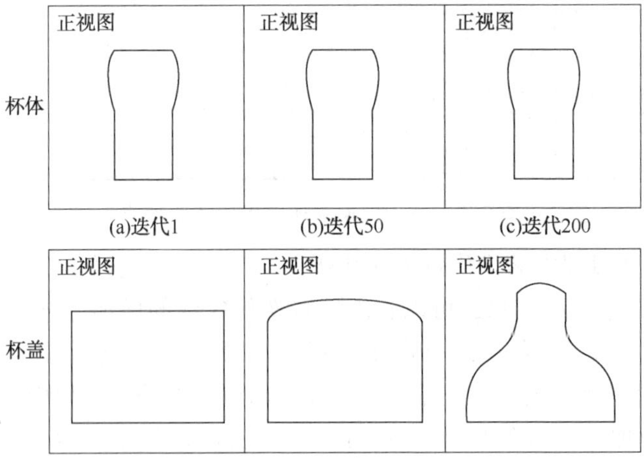


(a)迭代1　(b)迭代50　(c)迭代200

(d)迭代1　(e)迭代50　(f)迭代200

图 5-11　水杯形态在迭代过程中的线条优化过程

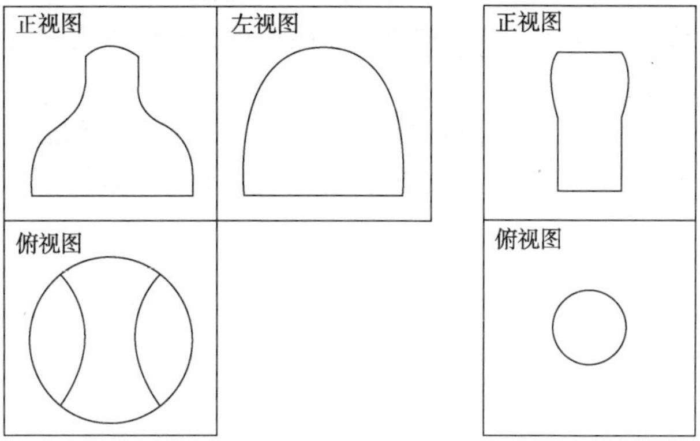


(a)解码后的杯盖形态方案　　(b)解码后的杯体形态方案

图 5-12　优化后形态特征元素解码后的形态方案

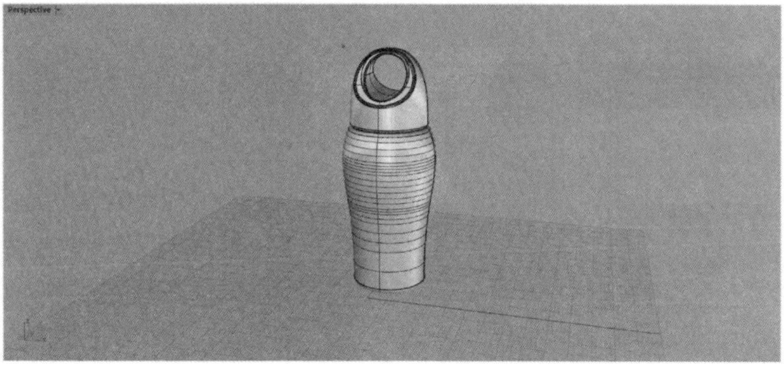

图 5-13　最终的水杯形态设计方案

## 5.6　本章小结

本章提出了一种基于可供性的自适应免疫遗传产品形态设计方法，将反映产品可供性物体形态元素映射到产品形态设计过程，一定程度上减少了用户对产品操作行为的认知差距，提高了产品形态设计的效率和质量。具体研究如下：

（1）根据免疫遗传的基本理论，给出了免疫遗传算法；

（2）通过产品形态构成分解方法，结合形态语法规则和设计师经验建立产品可供性和产品部件映射，实现了产品可供性-形态映射矩阵；

（3）将自适应遗传免疫算法和神经网络相结合开展产品形态设计，产品形态方案的情感语义评价最大值为约束，结合专家建议提取产品形态可供性的疫苗，用户和设计师共同参与适应度计算和疫苗接种，优化评价机制以减少主观评价误差，以使设计师编码和用户解码之间的差异性最小，构建形态设计目标函数，促进产品形态方案进化；

(4) 基于该方法实现了计算机辅助智能产品形态设计系统，通过实验证明该方法可以充分利用设计资源，自动生成实用、可行的设计结果，提高设计效率。

# 6 基于虚拟交互和实物交互的产品可用性评价

第 5 章里应用免疫遗传方法，通过可供性疫苗的抽取和接种生成了提供可供性感知的产品形态。产品可用性是产品交互界面设计品质的核心指标，形态作为产品实体交互界面，在产品形态设计阶段加强产品可用性评价方法，不仅能够通过改进产品形态设计方法，提高产品形态设计效率，也能够大幅度缩短产品开发周期。

虚拟现实有着可视化以及人机交互等特征，也是覆盖整个产品形态设计过程，以用户为核心的可用性研究的最佳技术支持[6]，结合 1.2.1 小节中产品可用性评价现状，传统产品可用性评价与基于虚拟现实技术的产品可用性评价对比如表 6-1 所示。为改善现有基于虚拟交互方法存在的评估过程耗时长、评价不完善等应用问题，综合两者的优势，并结合 2.5.1 小节中阐述，本章提出基于虚拟交互和实物交互的产品可用性评价方法，在产品形态设计不同阶段评估产品形态的可用性问题，基于虚拟交互的产品可用性评价可以快速、定量预估概念方案可用性问题，基于实物交互的产品可用性评价能够精准评价产品方案可用性问题以及产品形态设计方法。

**表 6-1　传统产品可用性评价与基于虚拟现实技术的产品可用性评价对比**

| | 传统产品可用性评价 | 基丁虚拟现实技术的产品可用性评价 |
|---|---|---|
| 目标 | 精准，全面评估产品可用性 | 不够精准，预估产品可用性 |
| 所处产品设计阶段 | 中期、后期 | 前期、中期 |
| 时间成本 | 设计周期长，设计成本高，设计中可用性质量不足 | 缩短产品开发周期，降低产品开发成本，提高企业快速适应市场变化的能力 |
| 方法 | 邀请用户使用设计原型或产品完成操作任务，并通过观察、记录和分析用户行为和相关数据，对产品可用性进行评估 | 数字化仿真、建模和实体模型等具体化设计构思，在虚拟环境下模拟产品的使用过程和人机交互过程，运用计算机原型、作业情景描述、并行设计、专家评审、反馈搜集型用户测试、用户满意度问卷调查、焦点小组、认知负担度量等可用性工程方法预估产品使用的易用性、有效性和用户的满意度 |

## 6.1 基于虚拟交互的产品可用性评价方法

2.5.1小节介绍了基于虚拟交互和实物交互的产品可用性评价流程，该方法贯穿产品形态设计阶段，其中在产品形态概念设计阶段，应用虚拟现实技术开展产品可用性评价，由设计师与用户对生成的形态概念方案作初步筛选，利于提高设计质量和效率。下面对基于虚拟交互的产品可用性评价的关键技术详细展开论述，主要包括虚拟交互界面相关研究和基于虚拟交互的产品可用性评价模型两方面内容。

### 6.1.1 虚拟交互界面相关研究

结合不同的影响因素，将虚拟环境的物体分为静态对象和交互对象。交互对象是具有交互行为能力的实体对象，它主要通过交互进行集成得到对应的目标对象。从操作者的角度出发，交互对象实质上就是在虚拟环境中能够直接被操纵的对象，交互对象是组建产品装配模型的重要基础。

实体交互是用户通过物理环境与数字信息发生交互行为，将交互行为映射为层次结构模型，包含以下层次：显示层、几何层、特征层、行为层。其中显示层是数字信息的物理化显示；几何层为物理实体的几何状态；特征层为物理实体的特征信息；行为层为在数字信息的驱动下实体发生的行为。利用图6-1给出交互对象的具体层次结构，由图可知，交互特征能够为不同的信息提供连接的桥梁。

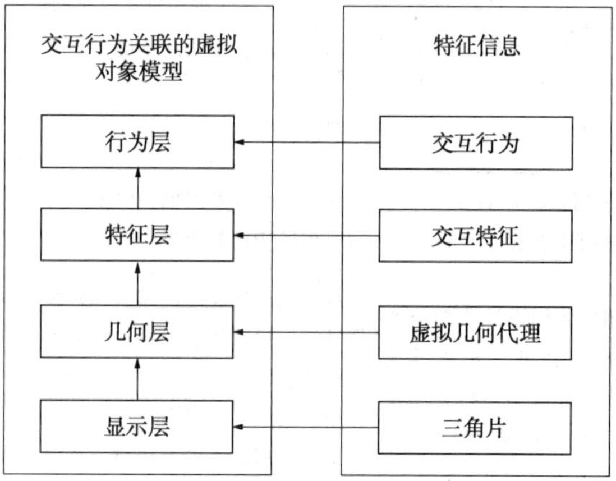


图6-1 虚拟交互对象的层次结构

以下将行为映射结构模型作为研究基础，同时组建虚拟环境中的交互对象，交互对象在实际组建的过程中主要包含以下两方面的内容：

（1）虚拟对象的几何结构在虚拟环境中的重建以及维护；

（2）虚拟对象的交互信息主要集成于对象的几何机构中。

针对现有虚拟装配系统中交互信息表达存在的问题、虚拟装配操作中交互任务的操作以及对象之间交互关系的特点，通过交互语义的相关概念进行研究，交互语义能够十分完整地描述装配建模过程中所形成的交互行为信息，它是对完成装配任务所需的操作知识以及相关规则进行抽象的描述。关联交互行为的虚拟对象具有一定的行为能力，但是在具体交互的过程中，需要经过触发才能够执行具体的交互行为。交互对象形成能够获取不同的交互行为，同时在交互的过程中识别全部的交互语义相关，实质上就是通过交互特征得到对应的交互参数[144]，根据实例交互语义，则能够将其转化为交互行为实例。通过交互语义相关定义可知，交互语义能够划分四个不同的部分，如图 6-2 所示，分别为：交互对象组、交互特征组、连接语义集、操作语义集。

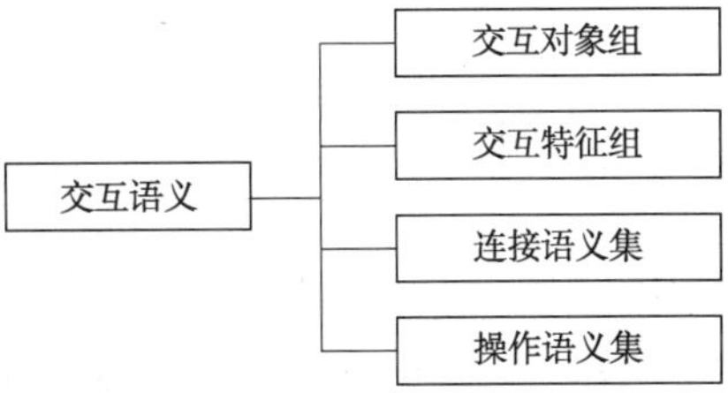

图 6-2　交互语义结构

交互对象组是针对交互对象而定义的语义，交互特征组则是针对实体特征定义的语义，连接语义集为不同实体间交互的时候可以共用的语义，操作语义集是专门为交互行为初始动作而定义的语义。以 Reactable 为例，交互式乐器当中交互对象语义为圆盘、半透明桌子。交互特征为：如果圆盘放置在桌子上则就会被点亮。连接语义为：圆盘之间的距离为 10cm 时为音符 X。操作语义为：移动圆盘。

### 6.1.2 基于虚拟交互的产品可用性评价模型

产品可用性评价是一个多层次、多方面的问题，以面向用户为特点。用户对交互界面各个方面的问题很难作出定量的评价，只有定性的感受，例如按键“比较舒适”、推“比较流畅”等，这些都是模糊的概念，需要借助模糊数学工具将定性评价转化为定量表达，才能通过计算将用户对产品各方面的定性评价综合成为对整个产品可用性的总评价。因此，结合产品可用性的实际情况，基于虚拟交互的产品可用性评价方法应用模糊层次分析法（Fuzzy Analytic Hierarchy Process，FAHP）是针对定性问题开展配套的定量研究，依靠模糊数的方案来表达具体的认知强弱状况。模糊集理论为 Zadeh 所完成的理论成果，为相对高效的处理模糊和不确定性知识数学工具。通过模糊理论以及隶属度的概念，分析不同的数据特

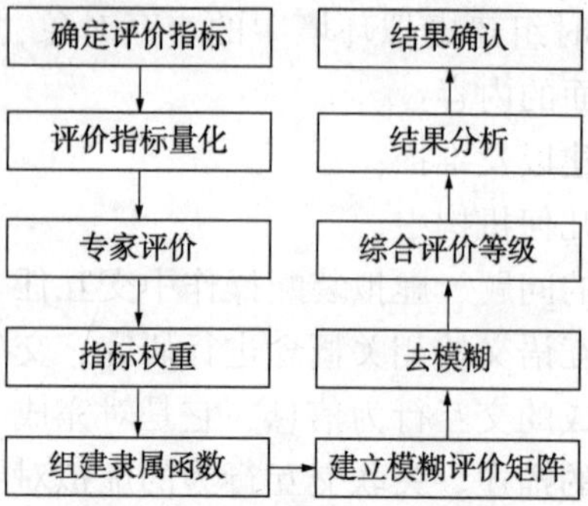


图 6-3　基于虚拟交互的产品可用性评价模型

点组建合适的隶属函数，从而获取各个指标的隶属度[145]，通过模糊理论，能够获取模糊集合的数值范围，同时也能够得到对应的映射关系，分别输出不同可用性综合评分。由此，建立基于虚拟交互的产品可用性评价模型，如图 6-3 所示，其关键部分包括评价指标量化、三角模糊数、模糊数运算以及模糊数排序。

（1）评价指标量化

对不同可用性评价指标进行均值量化处理[146]，以下给出具体的计算式：

$$t=\frac{1}{n}\cdot\sum_{i=1}^{n}(t_1+t_2+\cdots+t_n) \tag{6-1}$$

$$N_m=\sum_{i=1}^{n}(n_{1,1}+n_{1,2}+\cdots+n_{m,i}) \tag{6-2}$$

式中　$t$——任务完成时间；

$N_m$——各项主观感知指标评价分值；

$m$——主观感知可用性指标数量。

（2）三角模糊数

运用三角模糊数表达多个方案具体的判断比较，是论域 $R$ 中相应的模糊数 $\tilde{F}$，隶属函数 $f$：$R$->[0，1]，具体表达式为：

$$\mu_{\tilde{F}}(x, a, b, c)=\begin{cases}1, & x=b\\ \dfrac{x-a}{b-a}, & a\leqslant x<b\\ \dfrac{c-x}{c-b}, & b\leqslant x<c\\ 0, & x\geqslant c\end{cases} \tag{6-3}$$

式中　$a$ 和 $c$——$\tilde{F}$ 的下界和上界值；

$b$——$\tilde{F}$ 的隶属度为 1 的中值，其函数形态具体信息如图 6-4 所示，可将 $\tilde{F}$ 记为 $\tilde{F}(a, b, c)$。

（3）模糊数运算

采用李永锋提出的模糊数运算法[5]，设模糊评判矩阵 $A=(\tilde{a}_{i,j})_{m\times n}$，模糊权重矢量 $\boldsymbol{W}=(\tilde{w}_{i,j})_{1\times n}$，则分数矢量：

$$\boldsymbol{R}=A\otimes\boldsymbol{W}^{T}=\begin{bmatrix}\tilde{a}_{1,1} & \tilde{a}_{1,2} & \cdots & \tilde{a}_{1,n}\\ \tilde{a}_{2,1} & \tilde{a}_{2,2} & \cdots & \tilde{a}_{2,n}\\ \cdots & \cdots & \cdots & \cdots\\ \tilde{a}_{m,1} & \tilde{a}_{m,2} & \cdots & \tilde{a}_{m,n}\end{bmatrix}\otimes\begin{bmatrix}\tilde{w}_1\\ \tilde{w}_2\\ \cdots\\ \tilde{w}_n\end{bmatrix}$$

$$=\begin{bmatrix}\tilde{a}_{1,1}\otimes\tilde{w}_1\oplus\tilde{a}_{1,2}\otimes\tilde{w}_2+\cdots+\tilde{a}_{1,n}\otimes\tilde{w}_n\\ \tilde{a}_{2,1}\otimes\tilde{w}_1\oplus\tilde{a}_{2,2}\otimes\tilde{w}_2+\cdots+\tilde{a}_{2,n}\otimes\tilde{w}_n\\ \cdots\\ \tilde{a}_{m,1}\otimes\tilde{w}_1\oplus\tilde{a}_{m,2}\otimes\tilde{w}_2+\cdots+\tilde{a}_{m,n}\otimes\tilde{w}_n\end{bmatrix}=\begin{bmatrix}\tilde{r}_1\\ \tilde{r}_2\\ \cdots\\ \tilde{r}_m\end{bmatrix} \tag{6-4}$$

式中的相关运算法则如下：

设三角模糊函数 $\tilde{A}=(a_1, a_2, a_3)$、$\tilde{B}=(b_1, b_2, b_3)$，则有：

$$\tilde{A}\oplus\tilde{B}=(a_1+b_1, a_2+b_2, a_3+b_3) \tag{6-5}$$

$$\tilde{A}\otimes\tilde{B}=(a_1\times b_1, a_2\times b_2, a_3\times b_3) \tag{6-6}$$

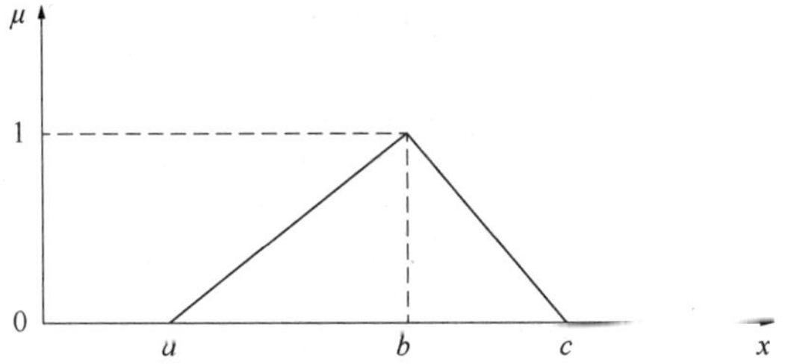


图 6-4　三角模糊数隶属函数

（4）模糊数排序

使用 Lee-Li 的平均数以及标准差法，如果模糊数的平均数相对偏高，实际标准差参数相对偏低，那么认定其实际排序相对靠前。对于三角模糊数 $\tilde{r}_i(a, b, c)$，$i=1, 2, \cdots, m$，其平均数 $\bar{x}(\tilde{r}_i)$ 和标准差 $\sigma(\tilde{r}_i)$ 的计算公式如下[147]：

$$\bar{x}(\tilde{r}_i)=\frac{1}{4}(a+2b+c) \tag{6-7}$$

$$\sigma(\tilde{r}_i)=\frac{1}{80}(3a^2+4b^2+3c^2-4ab-2ac-4bc) \tag{6-8}$$

求出各模糊数的平均值和标准差后，比较模糊数大小的规则为：

$$\bar{x}(\tilde{r}_i) > \bar{x}(\tilde{r}_j) \tag{6-9}$$

则 $\tilde{r}_i > \tilde{r}_j$

$$\bar{x}(\tilde{r}_i) = \bar{x}(\tilde{r}_j) \qquad \sigma(\tilde{r}_i) < \sigma(\tilde{r}_j) \tag{6-10}$$

则 $\tilde{r}_i > \tilde{r}_j$

式中 $i=1, 2, \cdots, m$;

$j=1, 2, \cdots, m, i \neq j$。

## 6.2 基于实物交互的产品可用性评价方法

基于指标确定、评价等级划分和指标权重确定，基于实物交互的产品可用性评价方法是对产品方案实物进行的可供性测试实验，如图 6-5 所示。

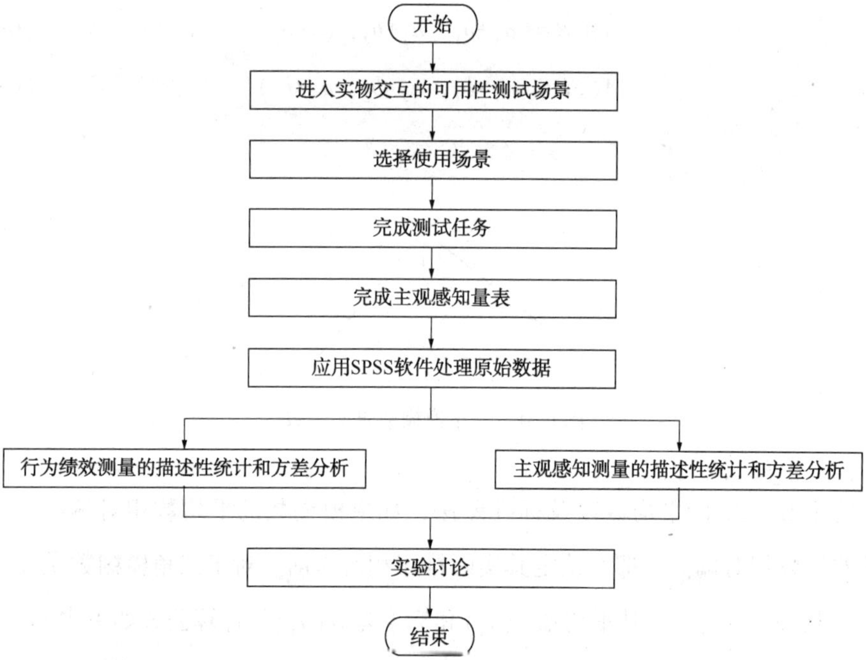


图 6-5 基于实物交互的产品可用性评价方法

研究产品形态方案在不同使用环境中的用户行为绩效可用性和主观感知可用性，验证基于可用性的自适应免疫遗传产品形态设计方法，具体包括以下内容：

（1）明确实验目标，设计实验方案，确定实验样本；

（2）结合研究内容，设置用户任务、顺序和产品使用场景；

(3) 确定设置无误后，被试在模拟场景中完成任务，在模拟过程中需要对事前设定的测试任务进行视频录制，同步记录被试的行为绩效数据和主观感知数据；

(4) 被试完成任务后，完成事后主观感知评价量表；

(5) 全部测试结束后，采集实验数据，系统输出本次实验的原始数据结果；

(6) 应用 SPSS 软件对原始实验数据进行统计分析；

(7) 根据数据统计结果，结合相关可用性理论，进行实验结论分析。

## 6.3 实例验证

综上所述，按照基于虚拟交互和实物交互的产品可用性评价流程和方法，实例验证包括两部分。首先，对水杯形态设计初期的 6 个水杯概念方案开展基于虚拟交互的可用性评价概念筛选；其次，应用第 5 章中免疫遗传形态设计方法对形态概念方案再次优化与设计；最后，对最终的水杯产品方案开展基于实物交互的可用性评价，验证基于可供性的自适应免疫遗传产品形态设计方法有效性。

基于 2.5.2 小节中水杯产品可用性评价指标体系，依据水杯功能使用频率的调查结果，行为绩效可用性评价指标包括 2 项，分别是开启水、封水；主观感知可用性评价指标包括操作快捷、拿放稳定、操作流畅、握持舒适、携带方便、安全、卫生 7 项。

### 6.3.1 基于虚拟交互的水杯可用性评价

实验平台如图 6-6 所示，基于 AR ti x2070 以上平台，主机的配置是 CPU I7，VR 环境采用 htc vive pro，为了增加交互行为的真实感，采用 1.3 版 SENSEGLOVE 力反馈手套，被试手上会有相应触感来反馈判断是否抓到水杯。采用 unity3D(简称 u3D) 软件引擎进行二次开发，将水杯的 .fbx 格式三维模型导入到虚拟现实引擎 unity3D 平台上进行二次开发，在 VR 眼镜里实现产品的行为绩效和主观感知可用性评价。

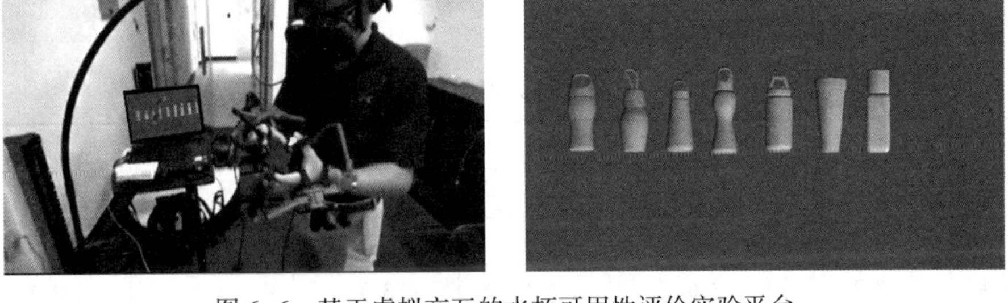

图 6-6 基于虚拟交互的水杯可用性评价实验平台

（1）实验样本的确定

应用第5章中基于水杯可供性的自适应免疫遗传形态设计，在水杯可供性物体库中，选择不同可供性物体抽取疫苗构建水杯三维形态概念方案，由资深设计师最终确定6个典型水杯概念方案作为样本进行基于虚拟交互的水杯概念方案的可用性评价，如图6-7所示。

(a)方案1　(b)方案2　(c)方案3　(d)方案4　(e)方案5　(f)方案6

图6-7　概念方案实验样本

（2）实验过程

邀请10名工业设计专业的学生作为被试人员(男性5名，女性5名，平均年龄为21.75岁)，选择该群体作为被试人员的原因主要有两个：一是该群体对水杯的各项功能使用频率较高，有能力完成本实验规定的各项任务；二是他们对主观感知可用性较一般人敏感，打分具有一定的区分度。实验前告知被试实验任务和实验目的，采用被试内实验设计方法。实验时，首先，被试进入实验台，静坐3~5min，待心跳平稳，带上VR眼镜和力反馈手套开始实验；其次，被试分别对样本按照开启水、封水的顺序完成规定任务，测试行为绩效可用性，该任务顺序依据水杯各项功能的使用频率由高到低确定；最后，让被试对产品的主观感知可用性进行评价。评价等级均采用5级划分，具体为：5分为非常满意；4分为比较满意；3分为一般；2分为不太满意；1分为不能接受。实验人员尽量不在被试视线所及范围内进行录制，以达到被试人员最原本和真实的使用状态，中途不干涉和引导。

（3）实验结果

对实验结果进行整理，行为绩效可用性任务的完成时间如表6-2所示，主观感知可用性的评价值如表6-3所示。

**表6-2　行为绩效可用性的测试结果**

| 任务 | 概念方案1 | 概念方案2 | 概念方案3 | 概念方案4 | 概念方案5 | 概念方案6 |
|---|---|---|---|---|---|---|
| | 完成时间 | | | | | |
| 开启水 | 4.2 | 4.1 | 3.3 | 3.2 | 3.4 | 4.3 |
| 封水 | 3.7 | 3.6 | 3.4 | 3.3 | 3.3 | 3.7 |

表 6-3 主观感知可用性的评价值

| 主观感知指标 | 概念方案 1 | 概念方案 2 | 概念方案 3 | 概念方案 4 | 概念方案 5 | 概念方案 6 |
|---|---|---|---|---|---|---|
| 操作快捷 | 4.1 | 3.0 | 4.5 | 4.6 | 4.2 | 3.1 |
| 拿放稳定 | 4.2 | 2.6 | 3.5 | 3.5 | 3.5 | 4.2 |
| 操作流畅 | 4.3 | 3.3 | 4.5 | 4.3 | 4.2 | 4.2 |
| 握持舒适 | 4.0 | 3.3 | 4.6 | 4.4 | 3.3 | 3.5 |
| 携带方便 | 3.6 | 2.6 | 4.3 | 4.6 | 4.4 | 4.3 |
| 卫生 | 4.1 | 3.1 | 3.8 | 4.2 | 3.7 | 4.2 |
| 安全 | 4.0 | 2.8 | 4.3 | 3.6 | 4.4 | 4.1 |

(4) 隶属度的计算

为了有效地对各样本的可用性进行分析比较，将实验结果中的行为绩效可用性及主观感知可用性的数值转化为[0，1]区间内的隶属度，具体方法如下：

主观感知可用性采用式(6-11)所示的隶属函数计算隶属度。主观感知可用性则有 7 项评价，其隶属度为 7 个函数值的平均值。

$$\mu_1(x)=\frac{x-1}{4},\quad 1\leqslant x\leqslant 5 \tag{6-11}$$

行为绩效可用性中的各任务完成时间的隶属函数通过专家讨论确定，结果如表 6-4 所示，其中各任务的权重按照 2.5.4 小节中 G1 法，邀请 5 位水杯产品领域专家给出开启水和封水指标影响程度的排序，然后依据指标的相对重要程度确定评价指标的权重，获得开启水任务指标 $U_{2,1}$ 和封水任务指标 $U_{2,2}$ 的权重为[0.5 0.5]。

表 6-4 行为绩效可用性隶属函数

| 任务 | 权重 | 任务完成时间 |
|---|---|---|
| 开启水 | 0.5 | $\mu_2(x)=\begin{cases}1 & x\leqslant 2\\ \frac{6-x}{2} & 2<x\leqslant 6\\ 0 & x>6\end{cases}$ |
| 封水 | 0.5 | $\mu_3(x)=\begin{cases}1 & x\leqslant 2\\ \frac{7-x}{2} & 2<x\leqslant 7\\ 0 & x>7\end{cases}$ |

根据隶属函数按照权重值计算各任务的隶属度，并以其平均值作为行为绩效可用性的隶属度，如表 6-5 所示。

各水杯样本行为绩效可用性和主观感知可用性的隶属度如表 6-6 所示。

表 6-5　行为绩效可用性的隶属度

| 样本 | 任务完成时间 | 行为绩效可用性 |
|---|---|---|
| 概念方案 1 | 0.74 | 0.74 |
| 概念方案 2 | 0.36 | 0.36 |
| 概念方案 3 | 0.85 | 0.85 |
| 概念方案 4 | 0.92 | 0.92 |
| 概念方案 5 | 0.90 | 0.90 |
| 概念方案 6 | 0.53 | 0.53 |

表 6-6　各水杯样本可用性的隶属度

| 样本 | 行为绩效可用性 | 主观感知可用性 |
|---|---|---|
| 概念方案 1 | 0.74 | 0.80 |
| 概念方案 2 | 0.36 | 0.34 |
| 概念方案 3 | 0.85 | 0.81 |
| 概念方案 4 | 0.92 | 0.62 |
| 概念方案 5 | 0.90 | 0.84 |
| 概念方案 6 | 0.53 | 0.74 |

从表 6-6 中有以下发现：

① 行为绩效可用性方面：水杯方案 4 分数最高，为 0.92；水杯方案 2 分数最低，为 0.36。应在操作性方面对产品形态元素的比例和尺度进行改进，提高任务的执行效率。

② 主观感知可用性方面：水杯方案 5 分数最高，为 0.84；水杯方案 2 分数最低，为 0.34。需要进一步改进优化，充分考虑用户使用产品时感知，提升产品交互性能。

（5）模糊评价矩阵的构建

本文用模糊数表示各指标的隶属度，并参考李永锋对模糊数的定义[5]，如表 6-7 和表 6-8 所示，得到模糊评价矢量，进而组合获得模糊评价矩阵。

表 6-7　重要性强度所对应的模糊数

| 模糊数 | 语言变量 | 模糊数 | 语言变量 |
|---|---|---|---|
| $\tilde{1}$ | 同等重要 | $\tilde{7}$ | 强烈重要 |
| $\tilde{3}$ | 稍微重要 | $\tilde{9}$ | 极端重要 |
| $\tilde{5}$ | 明显重要 | $\tilde{2}$、$\tilde{4}$、$\tilde{6}$、$\tilde{8}$ | 在上述相邻判断尺度之间 |

**表 6-8 三角模糊数的特征函数**

| 模糊数 | 语言变量 |
| --- | --- |
| $\tilde{1}$ | (1, 1, 3) |
| $\tilde{x}$ | ($x$-1, $x$, $x$+1), 其中 $x$=2, 3, 4, 5, 6, 7, 8 |
| $\tilde{9}$ | (7, 9, 9) |

模糊数与隶属度的对应关系如表 6-9 所示，将 6 个样本可用性的隶属度转化为模糊数，对应的模糊评判矩阵如表 6-10 所示。

**表 6-9 模糊数与隶属度的对应关系**

| 模糊数 | 隶属度 | 模糊数 | 隶属度 |
| --- | --- | --- | --- |
| $\tilde{1}$ | [0, 0.15] | $\tilde{6}$ | (0.55, 0.65] |
| $\tilde{2}$ | (0.15, 0.25] | $\tilde{7}$ | (0.65, 0.75] |
| $\tilde{3}$ | (0.25, 0.35] | $\tilde{8}$ | (0.75, 0.85] |
| $\tilde{4}$ | (0.35, 0.45] | $\tilde{9}$ | (0.85, 1.00] |
| $\tilde{5}$ | (0.45, 0.55] | | |

**表 6-10 各样本可用模糊评判矩阵**

| 样本 | 行为绩效可用性 | 主观感知可用性 |
| --- | --- | --- |
| 概念方案 1 | $\tilde{7}$ | $\tilde{8}$ |
| 概念方案 2 | $\tilde{4}$ | $\tilde{3}$ |
| 概念方案 3 | $\tilde{8}$ | $\tilde{8}$ |
| 概念方案 4 | $\tilde{9}$ | $\tilde{6}$ |
| 概念方案 5 | $\tilde{9}$ | $\tilde{8}$ |
| 概念方案 6 | $\tilde{5}$ | $\tilde{7}$ |

(6) 样本可用性的排序与评价

按照 2.5.4 小节中 G1 法，邀请 5 位水杯产品领域专家给出水杯行为绩效和主观感知指标影响程度的排序，然后依据指标的相对重要程度确定评价指标的权重，获得水杯主观感知指标 $U_1$ 和行为绩效指标 $U_2$ 的权重为[0.55 0.45]，将其用模糊数表示：

$$\boldsymbol{W}=(\tilde{5}\quad \tilde{4}) \tag{6-12}$$

将模糊评判矩阵 $A$ 和权重矢量 $\boldsymbol{W}$ 代入式(6-4)，则各样本的可用性分数：

$$A=\begin{bmatrix}(51,\ 74,\ 101)\\(21,\ 36,\ 55)\\(56,\ 80,\ 108)\\(50,\ 78,\ 98)\\(56,\ 86,\ 108)\\(38,\ 58,\ 82)\end{bmatrix} \tag{6-13}$$

按照式(6-12)和式(6-13)对可用性分数进行去模糊化处理，并依据式(6-12)和式(6-13)对6个样本的可用性排序，结果如表6-11所示。

**表 6-11　各样本可用性分数去模糊数和排序**

| 排名 | 样本 | 三角模糊数参数 | | | 去模糊化 | |
|---|---|---|---|---|---|---|
| | | $a$ | $b$ | $c$ | 平均值 | 标准差 |
| 1 | 概念方案 5 | 56 | 86 | 108 | 84 | 68 |
| 2 | 概念方案 3 | 56 | 80 | 108 | 81 | 68 |
| 3 | 概念方案 4 | 50 | 78 | 98 | 76 | 58 |
| 4 | 概念方案 1 | 51 | 74 | 101 | 75 | 63 |
| 5 | 概念方案 6 | 38 | 58 | 82 | 59 | 49 |
| 6 | 概念方案 2 | 21 | 36 | 55 | 37 | 29 |

由排序结果可以发现：概念方案5的平均值最高，为84，其次是概念方案3，平均值为81，接着依次是概念方案4和概念方案1，分别为76和75，而概念方案6为59，概念方案2则位于最后，平均值是37。概念方案6和概念方案2与前四款水杯概念方案差距较大，可用性较差，需要在行为绩效可用性和主观感知可用性方面加以改进，而概念方案5、概念方案3、概念方案4和概念方案1的可用性良好，可以进一步优化设计。

## 6.3.2　基于实物交互的水杯可用性评价

以上述中可用性分数较高的概念方案5为例，应用第5章中免疫遗传产品形态设计方法进一步进行形态优化设计，最终获得水杯产品方案。通过产品方案的水杯实物模型，进一步基于实物交互的水杯可用性评价方法进行水杯产品方案可用性评价。

(1) 实验设计和任务

实验样本采用原水杯、竞品水杯和设计水杯的实物产品，如图6-8所示。实验设计为四个不同阶段的水杯操作任务，实验为被试内测试，每位被试人员参与所有的 2 个任务，且在正式实验开始前，熟悉水杯的结构部件。实验过程中依据选择的使用场景，每位被试人员模拟使用场景依次执行开启水、封水，由视频录制软件连续记录被试的操作行为，记录完成开启水任务时间和封水任务时间，同时误操作引发的报警也将会被记录。

每份实验样本任务完成后，被试者需依次填写主试人员为其发放的主观感知评价表，为实验样本的主观感知评分。在执行任务中，考虑到可能存在近因效应，对水杯样本采用拉丁方设计顺序排序，消除近因效应。实验人员尽量不在被试人员视线所及范围内进行录制，以达到被试人员最原本和真实的使用状态，中途不干涉和引导。

(a)原水杯(水杯产品方案1)　(b)竞品水杯(水杯产品方案2)　(c)设计水杯(水杯产品方案3)

图 6-8　三款水杯产品的实验样本

（2）实验过程

邀请 10 名设计专业的学生作为被试人员(男性 5 名，女性 5 名，平均年龄为 21.75 岁)，选择该群体作为被试人员的原因主要有两个：一是该群体对水杯的各项功能使用频率较高，有能力完成本实验规定的各项任务；二是他们对主观感知可用性较一般人敏感，打分具有一定的区分度。实验前告知被试人员实验任务和实验目的，取得被试同意，被试人员进入实验台，需静坐 3~5min，对实验样本选择、构思使用情景，比如公交车上、看电影时、下雨时、运动时等，待选择构思后，开始实验。

（3）实验结果和分析

实验数据收集完毕后，采用 IBM SPSS Statistics 25.0 数据编辑器分别对行为绩效测量和主观感知测量的评价指标进行重复测量的单因素方差分析。事后比较采用 LSD 方法，对于不满足球形假设的情况，采用 Greenhouse-Gessier 进行校正，显著性水平为 $\alpha=0.05$。

① 行为绩效测量的描述性统计和方差分析

在不同使用环境条件下，被试者对水杯产品方案1、2、3的行为绩效测量的描述性统计结果和变化趋势如表6-12和图6-9所示。

**表6-12　三种水杯行为绩效测量的描述性统计**

| 水杯产品方案 | 开启水时间/s | 封水时间/s |
|---|---|---|
| 水杯产品方案1 | 4.60±2.17 | 3.7000±0.67495 |
| 水杯产品方案2 | 4.10±1.37 | 4.5000±1.58114 |
| 水杯产品方案3 | 2.50±0.85 | 2.9000±1.28668 |

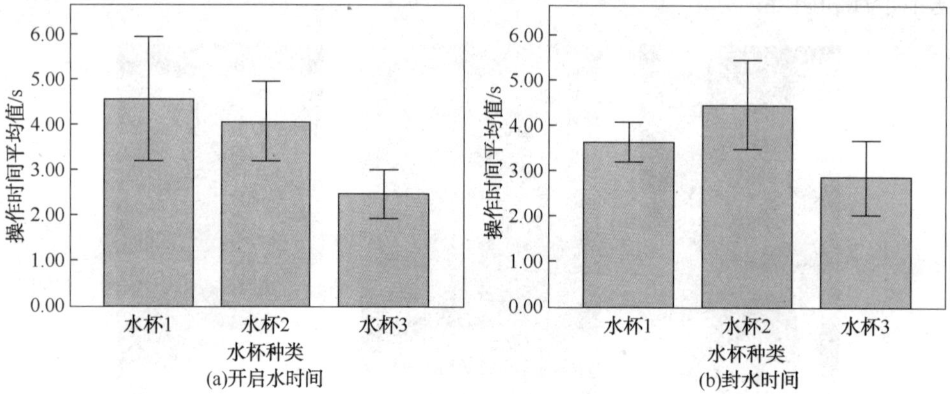


图6-9　三款水杯产品方案行为绩效测量指标实验值的平均值直方图

采用单因素方差分析(ANOVA)对实验数据进行处理，显著性水平为 $\alpha=0.05$。事后比较采用LSD方法，对于方差不齐性即方差齐性检验 $P>0.05$ 的采用 $T$ 进行事后检验，如表6-13所示。

**表6-13　方差齐性检验**

| | 莱文统计 | 自由度1 | 自由度2 | 显著性 |
|---|---|---|---|---|
| 开启水时间/s | 7.226 | 2 | 27 | 0.003 |
| 封水时间/s | 1.108 | 2 | 27 | 0.345 |

从描述性结果可知，开启水时间在水杯1、水杯2和水杯3之间呈现逐渐缩短的趋势。单因素方差分析表明水杯1、水杯2、水杯3的开启时间存在显著性差异($F=4.938$，$P=0.015<0.05$)。事后检验表明，水杯3的开启水时间显著短于水杯1($P=0.044<0.05$)、水杯2($P=0.020<0.05$)；水杯1和水杯2的开启水时间不存在显著性差异($P>0.05$)。

封水时间在水杯2、水杯1和水杯3之间呈现逐渐缩短的趋势。单因素方差分析如表6-14所示，表明不同水杯的封水时间存在显著性差异($F=4.164$，$P=0.027$)。事后检验表明(表6-15)，水杯3的封水时间显著短于水杯2($P=0.008$)；水杯1分别和水杯2、水杯3的封水时间差异性不显著($P>0.05$)。

**表6-14 ANOVA单因素方差分析**

| | | 平方和 | 自由度 | 均方 | $F$ | 显著性 |
|---|---|---|---|---|---|---|
| 开启水时间/s | 组间 | 24.067 | 2 | 12.033 | 4.938 | 0.015 |
| | 组内 | 65.800 | 27 | 2.437 | | |
| | 总计 | 89.867 | 29 | | | |
| 封水时间/s | 组间 | 12.800 | 2 | 6.400 | 4.164 | 0.027 |
| | 组内 | 41.500 | 27 | 1.537 | | |
| | 总计 | 54.300 | 29 | | | |

**表6-15 多重比较**

| 因变量 | | (I)类别 | (J)类别 | 平均值差值(I-J) | 标准误差 | 显著性 | 95%置信区间 | |
|---|---|---|---|---|---|---|---|---|
| | | | | | | | 下限 | 上限 |
| 开启水时间/s | LSD | 1 | 2 | 0.50000 | 0.69815 | 0.480 | -0.9325 | 1.9325 |
| | | | 3 | 2.10000* | 0.69815 | 0.006 | 0.6675 | 3.5325 |
| | | 2 | 1 | -0.50000 | 0.69815 | 0.480 | -1.9325 | 0.9325 |
| | | | 3 | 1.60000* | 0.69815 | 0.030 | 0.1675 | 3.0325 |
| | | 3 | 1 | -2.10000* | 0.69815 | 0.006 | -3.5325 | -0.6675 |
| | | | 2 | -1.60000* | 0.69815 | 0.030 | -3.0325 | -0.1675 |
| | 塔姆黑尼 | 1 | 2 | 0.50000 | 0.81172 | 0.907 | -1.6763 | 2.6763 |
| | | | 3 | 2.10000* | 0.73711 | 0.044 | 0.0496 | 4.1504 |
| | | 2 | 1 | -0.50000 | 0.81172 | 0.907 | -2.6763 | 1.6763 |
| | | | 3 | 1.60000* | 0.50990 | 0.020 | 0.2311 | 2.9689 |
| | | 3 | 1 | -2.10000* | 0.73711 | 0.044 | -4.1504 | -0.0496 |
| | | | 2 | -1.60000* | 0.50990 | 0.020 | -2.9689 | -0.2311 |
| 封水时间/s | LSD | 1 | 2 | -0.80000 | 0.55444 | 0.161 | -1.9376 | 0.3376 |
| | | | 3 | 0.80000 | 0.55444 | 0.161 | -0.3376 | 1.9376 |
| | | 2 | 1 | 0.80000 | 0.55444 | 0.161 | -0.3376 | 1.9376 |
| | | | 3 | 1.60000* | 0.55444 | 0.008 | 0.4624 | 2.7376 |
| | | 3 | 1 | -0.80000 | 0.55444 | 0.161 | -1.9376 | 0.3376 |
| | | | 2 | -1.60000* | 0.55444 | 0.008 | -2.7376 | -0.4624 |

续表

| 因变量 | | (I)类别 | (J)类别 | 平均值差值(I-J) | 标准误差 | 显著性 | 95%置信区间 | |
|---|---|---|---|---|---|---|---|---|
| | | | | | | | 下限 | 上限 |
| 封水时间/s | 塔姆黑尼 | 1 | 2 | -0.80000 | 0.54365 | 0.421 | -2.3027 | 0.7027 |
| | | | 3 | 0.80000 | 0.45947 | 0.281 | -0.4496 | 2.0496 |
| | | 2 | 1 | 0.80000 | 0.54365 | 0.421 | -0.7027 | 2.3027 |
| | | | 3 | 1.60000 | 0.64464 | 0.069 | -0.1032 | 3.3032 |
| | | 3 | 1 | -0.80000 | 0.45947 | 0.281 | -2.0496 | 0.4496 |
| | | | 2 | -1.60000 | 0.64464 | 0.069 | -3.3032 | 0.1032 |

注：*表示平均值差值的显著性水平为0.05。

② 主观感知测量的描述性统计和方差分析

被试人员在不同场景下完成水杯的任务，实验数据收集完毕后，对水杯产品方案1、2、3的主观感知测量的描述性统计结果和变化趋势如表6-16和图6-10所示。

**表6-16 三种水杯主观感知指标的描述性统计结果**

| 主观感知指标 | 方案1 | 方案2 | 方案3 |
|---|---|---|---|
| 操作流畅 | 3.300±0.9487 | 2.900±0.9944 | 3.500±0.7071 |
| 握持舒适 | 4.000±0.6667 | 3.300±0.6750 | 3.600±0.5164 |
| 携带方便 | 3.600±1.350 | 3.400±0.6992 | 3.300±0.4831 |
| 卫生 | 3.600±1.075 | 3.100±0.5677 | 3.800±0.4216 |
| 安全 | 3.800±0.7889 | 3.400±0.5164 | 3.900±0.3162 |
| 操作快捷 | 3.100±0.7379 | 3.000±1.054 | 3.000±0.6667 |
| 拿放稳定 | 3.500±0.8498 | 3.300±1.059 | 3.500±0.5271 |

对于不同的水杯产品方案，握持舒适得分的主效应临界显著[($F(2, 18)=2.707$，$P=0.094$]。事后比较发现方案1的握持舒适得分临界显著高于方案2($P=0.089$)，其余方案的握持舒适得分之间差异不显著($P>0.1$)。

对于不同的水杯产品方案，安全得分的主效应临界显著[$F(2, 18)=2.739$，$P=0.092$]。事后比较发现方案2的安全得分显著低于方案3($P=0.015$)，其余方案的安全得分之间差异不显著($P>0.05$)。

方差分析表明，对于主观感知指标而言，可供性因素的主效应不显著($P>0.05$)。

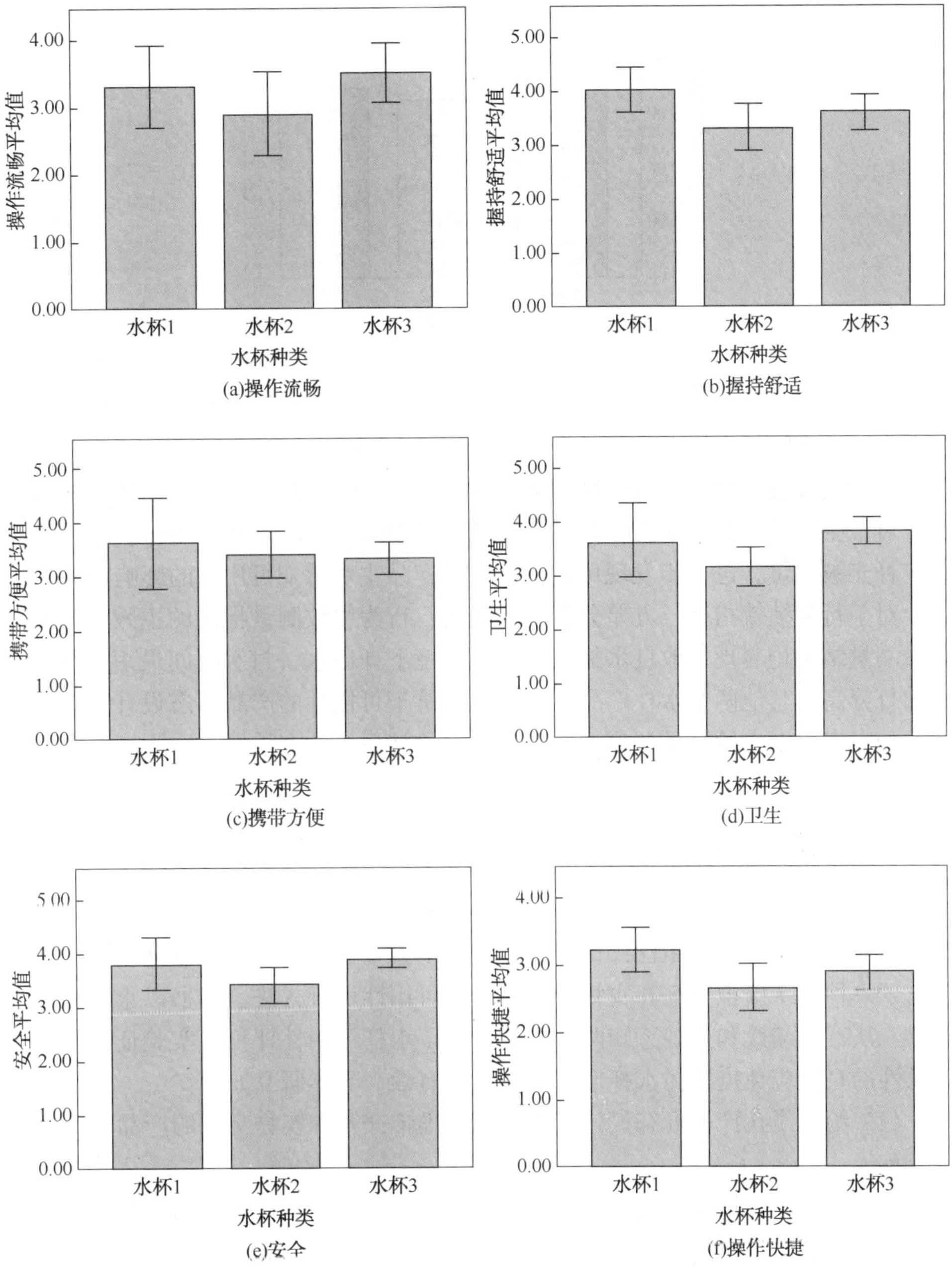


图 6-10　三款水杯产品方案主观感知指标测量的平均值直方图

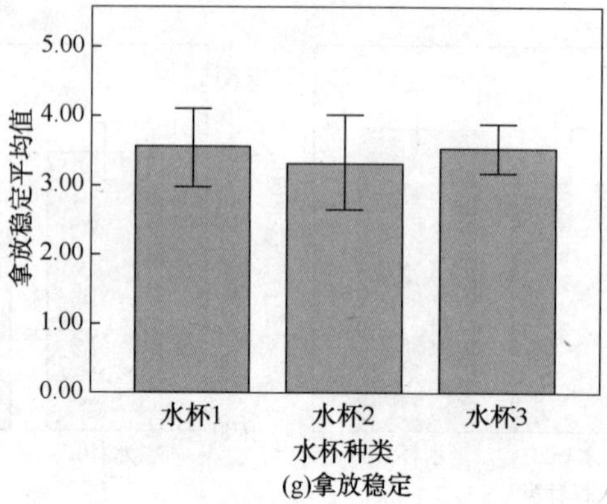


图 6-10　三款水杯产品方案主观感知指标测量的平均值直方图(续)

③ 实验讨论

对于主观感知指标，可供性因素的主效应不显著($P>0.05$)。描述性统计表明，对于主观感知指标而言，可供性因素的主效应不显著($P>0.05$)，未来实验中应补充被试量，进一步发现可供性因素对产品主观感知可用性的影响趋势。

对于行为绩效指标，方差分析结果表明，行为绩效测量指标的主效应非常显著，测量结果均表现为改良水杯 3 在任务环境下开启水、封水时间最短，且主观感知打分高于其他两个水杯产品方案，这与基于可供性的产品形态设计目标是一致的，一定程度上验证了免疫遗传产品形态设计系统的有效性。

## 6.4　本章小结

针对传统的产品可用性评价方法存在的不完整、时间长等一系列问题，本章提出了一种基于虚拟交互和实物交互的产品可用性评价方法。本书以水杯为研究对象，从行为绩效和主观感知两个方面开展了水杯可用性评价，实验证明，基于可供性的自适应免疫遗传水杯形态设计方法有效。具体研究如下：

(1) 给出了在产品形态设计阶段的基于虚拟交互和实物交互的产品可用性评价流程。

(2) 构建了虚拟交互的产品可用性评价模型，给出了基于实物交互的产品可用性评价方法。

(3) 以水杯为例，完成了基于虚拟交互的水杯概念方案可用性评价，构建了可用性评价的指标体系，选择 6 款有代表性的水杯概念方案作为实验样本，邀请 10 名被试人员，采用被试内实验设计，依据测试结果计算隶属度，由隶属度分析样本存在的可用性问题；根据隶属度确定模糊评判矩阵，通过设定主观感知可用性和行为绩效可用性的权重，求解样本的可用性分数，对其进行去模糊化处理，并以平均值和标准差对样本的可用性进行排序和评价。结果表明，该方法能有效发现产品在可用性方面存在的问题，并能对产品可用性水平的高低进行排序和评价。

（4）以水杯为例，选择 3 款有代表性的水杯产品方案作为实验样本，邀请 10 名被试人员，采用被试内实验设计，一方面进行了行为绩效测量的描述性统计和方差分析，另一方面进行了主观感知测量的描述性统计和方差分析，通过实物交互精确评价产品方案可用性。

研究结果表明，该方法能够在产品形态设计不同阶段发现可用性问题，基于虚拟交互的可用性评价可以快速、定量预估概念方案可用性问题，基于实物交互的可用性评价能够精准、完整地评价产品方案可用性问题。

# 7 展　望

产品形态作为产品最直接的实体交互界面，其设计通常是设计-测试-评估-再设计的迭代过程，面向可供性的产品形态设计和交互界面可用性评价对提高产品形态设计效率具有极其重要的作用。随着可供性理论与设计的发展，产品可供性的类型、数量和来源变得多样，学者们对基于可供性的产品设计技术及产品可用性评价相关技术进行了深入研究，取得了大量的成果。具有产品可供性形态特征元素的物体，蕴含了丰富的情感、行为、功能等潜在信息，它能够决定产品可供性感知，从而进一步影响了产品可用性。因此，如何主动发现产品可供性物体形态特征元素及评估产品可用性，是提高产品形态设计方法水平和效率的有效途径之一。

设计师们常常试图设计出更容易学习和使用的产品，然而，结果也有可能不像设计师预期的那样有用。因此，对于设计师来说，熟悉可用性原则并在设计新产品时将其结合起来是至关重要的，国际标准化组织(ISO)将可用性定义为“指定用户使用产品以有效和满意地实现指定目标的程度”，研究人员通过大量实践研究提升产品可用性的设计方法。

设计师在设计人工制品时需要考虑用户和人工制品之间的交互作用，对于一个可用的产品，人体工程学在可用性设计中是至关重要的，通过产品任务、工作、环境和系统的设计和评估，使产品与用户的身体和认知能力及限制相适应，可以避免可能的伤害，减少可能的不适和疲劳。但是从设计方法论的角度来看，将人体工程学作为一种单独的设计方法进行产品设计是不合理的，它不符合 Pahl 和 Beitz 所介绍的系统工程设计方法论的要求，仅仅依靠用户的物理能力来操作产品是不够的，同时也需要在最少的认知思考中察觉它的操作方式。正如诺曼所言，为了使用户容易操作产品，设计师应该关注用户理解感知产品的能力，而不是先设计产品，然后期望用户理解产品的逻辑行为，用户能够直接感知特定对象可能产生的行为，即生态心理学提出的可供性理论。

因此，人体工程学和对可能动作的直接感知被认为是产品可用设计的两个基本要素。自从生态心理学家詹姆斯·吉布森(James Gibson)1979 年开创性提出了“可供性”一词，即将上述动物与物体之间的相互作用描述为与动物相关的行动可能性，人们大量研究了可供性在不同学科中的定义和应用，从生态心理学到工程设计的可供性定义、从人-机感知方式到人体工程学的可用性标准，以处理人与环境中的物体之间的相互作用来提高可用性，图 7-1 说明了可供性定义的演变。表 7-1 总结了相应学科中可供性定义与可用性标准。

吉布森将功能可供性定义为行动可能性时，提到了“直接感知”，即动物无需进一步的认知过程就能直接感知功能可供性，根据吉布森和他之后发展起来的生态心理学，设计的目标应该是通过向感官提供足够的信息来设计直接的感知，从而最小化用户感知可供性的心理负担。与生态心理学相反，诺曼遵循传统的认知心理学，他认为用户依赖先前知识和认知来感知一切，通过用户的心理解释来传达可能的行为。诺曼将可供性引入到人机交互(HCI)领域，并应用其协助日常产品的设计，但没有将可供性概念纳入到人工物品的总体设计中。麦尔和法德尔是首次将可供性作为工程设计基本概念的人，提出了一种系统的基于可供性的产品设计方法(Affordance-Based Design，ABD)，将人体工程学、生物力学包含在产品设计中，以可供性为基础确定人与产品、环境之间的契合程度，同时他们也认为可供性知觉需要一个心理过程，是一种间接解释信息的方式，不符合生态心理学的直接感知观。

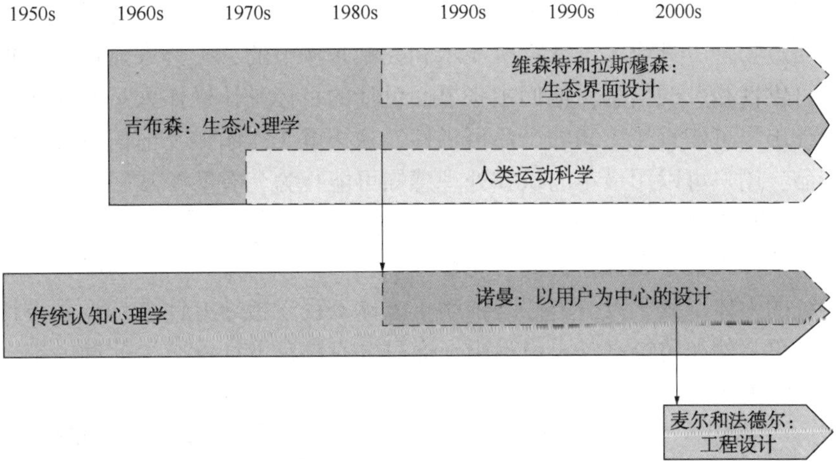


图 7-1 可供性定义的演变

**表 7-1 不同学科中可供性定义和可用性标准情况**

| 代表人物 | 可供性定义 | | | 背景学科 | 可用性标准 | |
|---|---|---|---|---|---|---|
| | 行为可能性 | 实际/感知 | 独立于人的需求/感知 | | 人体工程学 | 人-机感知方式 |
| 吉布森 | √ | × | √ | 生态心理学 | 物体可供性特征 | 直接 |
| 诺曼 | × | √ | × | 以用户为中心的设计 | 传统指导方针 | 间接 |
| 麦尔和法德尔 | √ | √ | — | 工程设计 | 传统指导方针 | 间接 |

ABD 方法是一种强大的方法，以上概述了设计的不同阶段，但它可以通过在早期设计阶段将直接感知作为目标来进一步提高可用性。此外，利用可供性特征，设计师可以进一步分析设计的关键和最优点，以最有效地操作产品。

生态心理学中关于可供性的原始研究确实提供了基于可供性提高设计可用性的建议。这些建议包括设计直接感知和定义可供性特征，以联系用户特征和产品属性。因此，如果一个设计仅仅依赖于人体工程学准则或遵循 ABD 而不考虑直接感知，可能会忽略一些可用性方面。另外，由于生态心理学并没有提供一个系统的设计方法，我们认为，为了一个成功的设计，设计师应该将上述建议应用到一个系统的基于可供性的产品设计方法中。

（1）基于可供性的设计直接感知

近年来很多学者、设计师在复杂工作领域中成功地应用了直接知觉原则。他们在智能工具设计中允许感知复杂、整体的关系，而不需要先单独感知组成部分，然后在心理上整合它们，这些工具通过直接感知消除了操作人员费力推理和解决问题的任务，这在界面设计中非常重要。Vicente 和 Rasmussen 将这种策略称为生态界面设计（Ecological Interface Design，EID），他们认为即使用户与系统的接触是通过物理工具或人工计算机显示和控制来调节的，工具或显示符号也可以传达与可供性相关的信息，他们主张界面设计的目标是让操作人员直接感知。因此，设计出尽可能直接感知的产品可供性，这样就无需添加其他信息来引导用户使用产品，用户可以用最小的认知处理感知可能行为，有助于减轻使用者的心理负担，提高产品可用性。

（2）人体工程学设计，提高可用性

传统的人体工程学设计方法是依赖于人体工程学指导方针进行产品设计，并评估其结果。例如传统键盘再设计中，通过垂直键盘设计以减少前臂内翻、手和前臂旋转，如图 7-2 所示。

图 7-2　基于人体工程学的键盘设计

通过实验发现，用户认为垂直键盘比传统键盘更舒适，并且肌肉活动数据证明，与使用传统键盘相比，垂直键盘使手臂肌肉群的负担更轻。然而，一方面，他们并没有考虑新设计中的用户感知，当切换到新的键盘时，他们可能很难感知相同(或额外)的可供性。另一方面，在新的人体工程设计中，用户需要调整自己以达到最佳操作，增加使用效率和舒适度。为了实现这些目标，需要将人机工程学设计与基于可供性的产品设计方法相结合，这种系统的基于可供性的产品设计方法，辅以人体工程学直接感知和可供性特征设计，提高了产品可用性。

因此，可用性强的产品必须同时具备两个基本要素：①设计和定义产品可供性及其特征，利用产品可供性特征，根据生态方法，进一步分析产品设计的关键最佳点；②进一步结合人体工程学决定人与环境契合度最佳的临界点。

未来，在基于可供性的产品设计方法中，可以通过实验设计分析、计算机技术将产品可供性特征量化分析，从而实现直接感知的可能性，并将相关产品可供性特征通过计算机技术进行智能计算与遗传，开展智能设计，提高设计效率和质量。目前，围绕面向可供性的产品形态设计方法关键技术开展了一系列研究。

(1) 提出了基于交互行为的产品可供性需求挖掘与处理方法

考虑用户不同体验下的人机交互关系，通过行为目标和交互行为的分析，给出了交互行为分类，分析了不同交互行为下的产品可供性需求分类；针对交互行为需求中存在的包容、交叉、独立和互斥的冗余关系，对其进行初步冗余处理，并通过分析交互行为需求与产品样本之间的相关性，对用户的交互行为需求进行筛选；提出了基于KANO模型的产品可供性需求的分类方法，根据产品可供性需求对KANO模型中基本型可供性需求、期望型可供性需求和兴奋型可供性需求的隶属度，对产品可供性需求进行分类；提出了一种建立各个可供性之间内在联系的产品可供性结构，建立了不同主题、不同用户、不同优先级三种产品可供性需求结构，以实现正确组织不同的产品可供性，为全面挖掘产品可供性需求提供了支持。

(2) 提出了基于手势识别技术的产品可供性物体获取方法

利用物体可供性的互补特性，构建了物体可供性的AHO模板，实现了物体可供性在用户和产品两方面的表达；依据Likert五级量表，利用Leap Motion识别技术，从可供性程度打分和同类测试手势出现频率两个层面综合识别物体可供性，进而评定物体可供性中的用户手势和物体形态特征线，给出了建立可供性物体库的方法；基于产品可供性AHO模板设计，给出了产品可供性物体的获取方法。

(3) 提出了基于可供性的自适应免疫遗传产品形态设计方法

通过引入设计心理学中“可供性”和生物学中“免疫遗传”的相关理论，将具有可供性需求的产品通过形态免疫遗传转化为同时含有情感语义性和可供性两种属性的产品，给出了产品形态基因编码方法，抽取基因和疫苗；依据生物遗传免疫机制建立一种免疫遗传演化机制，对形态特征元素进行重组和优化；采用神经网络，分析方案个体的适应度评价方法，通过反复迭代优化后获得同时重用、继承可供性和情感语义性的形态特征元素；运用免疫遗传算法，设计并实现计算机辅助可供性重用的产品设计系统来验证算法。

（4）提出基于虚拟交互和实物交互的产品可用性评价方法

传统的可用性评价方法存在评估过程耗时长、评价准确性不理想等一系列应用问题，产品可用性评价对提高设计效率和质量具有重要作用。本书提出基于虚拟交互和实物交互的产品可用性评价方法。给出了在产品形态设计阶段的基于虚拟交互和实物交互的产品可用性评价流程；研究了相关虚拟交互界面，构建了虚拟交互的产品可用性评价模型，给出了基于实物交互的产品可用性评价方法。

面向可供性的产品形态设计方法研究具有较高的研究价值和应用前景，尽管作者针对基于可供性的产品形态设计及产品可用性的关键技术进行了一些有益的探索研究，并取得了一定的研究成果，由于时间和精力有限，目前仍有一些问题需要进一步研究和完善：

（1）交互行为需求的挖掘和处理方面。本书主要局限于以用户行为分析方式获取用户对产品的行为效果和操作行为词汇，通过对词汇的筛选处理分析交互行为需求。随着行为分析、表情识别等技术的发展，相关实验设备可用来获取和处理用户行为效果的准确表达，相关探索研究亟待深入。

（2）目前的研究是针对产品形态特征分析实现计算机辅助产品形态设计工作的，未来将通过研究影响可供性感知的产品色彩和材质因素，进一步完善面向可供性的计算机辅助产品造型设计。同时，原型系统的功能和性能有待进一步提高，基于免疫遗传算法的过程还需改进，对于形态特征线的拟合过程有待进一步研究。

（3）深入探索用户手势特征向量与可供性物体形态特征向量的规律和映射关系，比如食指和拇指的距离映射到物体形态特征的宽度等，有待后续大量细致、深入的实验继续探讨，提升可供性物体形态特征的提取效率和应用效率。

（4）虚拟交互的可用性评价的数据输入和平台成本方面。未来阶段将组建符合发展需求的用户体验平台，方便用户实时上传数据；所提方法现阶段的评价成本十分高，后续将针对该方面展开研究。

设计是一段历程，由形态、结构、交互、色彩等元素设计构成的产品对于用户来说也就是一段丰富而深刻的历程，因为良好的、具有宽度和深度的产品造型元素设计，使用户能够在产品使用过程中愉悦地体验到这一段历程。

# 附录A　个人便携式杯具造型的可用性评价指标体系德尔菲专家咨询问卷

您好：

本问卷旨在帮助研究者筛选出对个人便携式杯具影响较大的可用性评价指标，为进一步优化完善指标体系提供支撑。问卷答案并无对错之分，请根据实际情况结合使用经验或喜好、习惯如实作答，您的回答将会对本研究起到非常重要的作用。问卷仅限于研究使用，感谢您的配合！

**个人信息**

| | | | |
|---|---|---|---|
| 姓名 | | 性别 | |
| 年龄 | | 从事行业 | |
| 个人便携式杯具使用时间 | | | |

**填写说明**

杯具的造型是影响个人便携、饮用水重要的人机交互界面，因此对其开展可用性评价指标的研究对于相关的设计和检测工作均具有重要的意义。请分别对指标体系框架中的各层级指标的“影响程度”和“自信程度”进行打分，具体的评分规则为：

（1）“影响程度”打分，即填写该项指标对于可用性评价的影响程度，打分范围为1~5分，由小到大依次表示“影响程度”的等级为“很小”“较小”“一般”“较大”“很大”。

（2）“自信程度”打分，即填写您判断该项指标时的自信程度，打分范围为1~5分，由小到大依次表示“自信程度”的等级为“很低”“较低”“一般”“较高”“很高”。

注：由于问卷中各项指标尚处于初步构建阶段，如您对指标体系的完备性有任何建议，请在打分表下方填写反馈意见。

表 A.1　个人便携式杯具的可用性评价指标体系框架

| 一级指标 | 二级指标(底层指标) |
|---|---|
| 1　主观满意感受 | 1.1　操作快捷 |
| | 1.2　拿放稳定 |
| | 1.3　操作流畅 |
| | 1.4　握持舒适 |
| | 1.5　携带方便 |
| | 1.6　卫生 |
| | 1.7　安全 |
| 2　行为绩效 | 2.1　开启水时间 |
| | 2.2　封水时间 |

## 1　一级指标

表 A.2　一级指标

| 指标名称 | 影响程度 | 自信程度 |
|---|---|---|
| 主观满意感受 | | |
| 行为绩效 | | |

本级指标是否完整，如不完整，还需要加入哪些指标：

## 2　二级指标

表 A.3　二级指标 1.1：操作快捷

| 指标名称 | 指标描述 | 影响程度 | 自信程度 |
|---|---|---|---|
| 1.1.1　有效 | 人机交互是否实现特定的目标 | | |
| 1.2.2　高效 | 人机交互效率是否快捷高效 | | |
| 1.2.3　满意 | 人机交互过程是否令人满意 | | |

本级指标是否完整，如不完整，还需要加入哪些指标：

**表 A.4 二级指标 1.2：拿放稳定**

| 指标名称 | 指标描述 | 影响程度 | 自信程度 |
|---|---|---|---|
| 1.2.1 重量 | 重量是否轻便 | | |
| 1.2.2 重心 | 重量分布是否均匀 | | |

本级指标是否完整，如不完整，还需要加入哪些指标：

**表 A.5 二级指标 1.3：操作流畅**

| 指标名称 | 指标描述 | 影响程度 | 自信程度 |
|---|---|---|---|
| 1.3.1 工艺 | 纹理设计等工艺水平选取是否能操作流畅地实现特定目标 | | |
| 1.3.2 材质 | 材料、质地等基本材质选取是否能操作流畅地实现特定目标 | | |

本级指标是否完整，如不完整，还需要加入哪些指标：

**表 A.6 二级指标 1.4：握持舒适**

| 指标名称 | 指标描述 | 影响程度 | 自信程度 |
|---|---|---|---|
| 1.4.1 形状 | 外形是否易于手部持握 | | |
| 1.4.2 尺寸 | 长、宽等基本尺寸 | | |

本级指标是否完整，如不完整，还需要加入哪些指标：

**表 A.7 二级指标 1.5：携带方便**

| 指标名称 | 指标描述 | 影响程度 | 自信程度 |
|---|---|---|---|
| 1.5.1 合理 | 人机交互方式是否科学合理 | | |
| 1.5.2 灵活 | 人机交互方式是否灵活多变 | | |

本级指标是否完整，如不完整，还需要加入哪些指标：

表 A.8　二级指标 1.6：卫生

| 指标名称 | 指标描述 | 影响程度 | 自信程度 |
|---|---|---|---|
| 1.6.1　洁净 | 杯具的结构的选取是否洁净 | | |
| 1.6.2　卫生 | 杯具的清洗方式是否合理卫生 | | |

本级指标是否完整，如不完整，还需要加入哪些指标：

表 A.9　二级指标 1.7：安全

| 指标名称 | 指标描述 | 影响程度 | 自信程度 |
|---|---|---|---|
| 1.7.1　无毒 | 杯具材质的选取是否对人体有害 | | |
| 1.7.2　安全 | 杯具结构的选取是否对人体安全 | | |

本级指标是否完整，如不完整，还需要加入哪些指标：

表 A.10　二级指标 1.8：特殊使用要求

| 指标名称 | 指标描述 | 影响程度 | 自信程度 |
|---|---|---|---|
| 1.8.1　告警提示的视觉反馈 | 告警提示的视觉反馈是否合理 | | |
| 1.8.2　告警提示的听觉反馈 | 告警提示的听觉反馈是否合理 | | |
| 1.8.3　环境适应——暗环境 | 能否适应在光照环境较差的条件下使用，如夜间 | | |

本级指标是否完整，如不完整，还需要加入哪些指标：

表 A.11　二级指标 2.1：开启水时间

| 指标名称 | 指标描述 | 影响程度 | 自信程度 |
|---|---|---|---|
| 2.1.1　开启水时间 | 完成开启水任务的时间 | | |

本级指标是否完整，如不完整，还需要加入哪些指标：

表 A.12　二级指标 2.2：封水时间

| 指标名称 | 指标描述 | 影响程度 | 自信程度 |
|---|---|---|---|
| 2.2.1　封水时间 | 完成封水任务的时间 | | |

本级指标是否完整，如不完整，还需要加入哪些指标：

# 附录B　应用观察法的水杯交互行为需求样本采集

| 用户任务 | 用户 | 视频截屏图片 | 目的行为、意图行为、操作行为分析 |
|---|---|---|---|
| 开启水、封水任务 | 用户 1 |  | 左手抓住水杯腰身，右手拿着杯盖 |
| | | | 刚开始稍微用大力旋转杯盖，然后手覆盖在杯盖上，旋转 5 圈打开 |
| | | | 右手先放下杯盖，然后扶住杯身，喝完水后，拿起桌上的杯盖，旋转杯盖，拧紧，再翻转水杯，检查是否拧紧，不会漏水 |
| | 用户 2 |  | 左手扶住杯身，右手先用手掌包着杯盖，旋转杯盖然后用手指旋转杯盖 |
| | | | 快速旋转杯盖 7 圈，打开杯盖 |
| | | | 右手拿着杯盖，喝水 |
| | | | 旋转 5 圈，拧紧杯盖 |
| | 用户 3 | 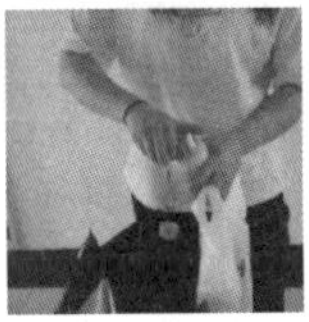 | 手上拿东西多，仍须用两个手扶杯身 |
| | | | 左撇子用左手打开水杯，左、右手颠倒杯身与杯盖位置，手掌全包围杯盖，旋转 4 圈打开水盖 |
| | | | 旋转杯盖 3 圈拧紧水杯 |
| | 用户 4 | 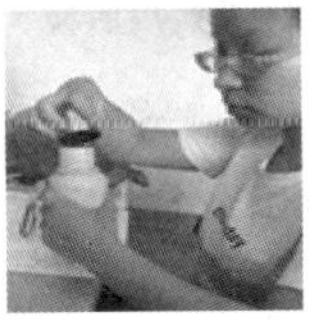 | 感觉杯子里的剩余水量 |
| | | | 左手扶住杯身，右手旋转杯盖 5 圈，打开杯盖，拧紧时，旋转 6 圈 |
| | 用户 5 |  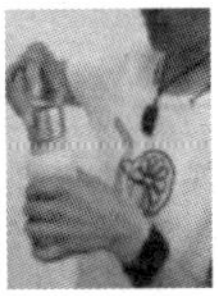 | 将水杯的杯绳套在右手手指上，右胳膊稍微抬起 |
| | | | 左手扶住杯身，右手包住杯盖，旋转杯盖 12 圈打开杯盖 |
| | | | 大拇指+食指+中指三个指头旋转杯盖 6 圈，最后一次用较大力气拧紧杯盖 |
| | | | 拧紧杯盖 |

续表

| 用户任务 | 用户 | 视频截屏图片 | 目的行为、意图行为、操作行为分析 |
|---|---|---|---|
| 开启水、封水任务 | 用户 6 |  | 想要把水杯顶在身上将瓶盖拧开 |
|  |  |   | 左手将瓶子放于腋下位置，右胳膊向内侧收夹住瓶身，然后用左手去拧瓶盖 |
|  |  |   | 左手握住瓶身右手捡起瓶盖拧紧 |
|  | 用户 7 |  | 手中拿着水卡时无法拧开瓶盖须将水卡放下再去拧瓶盖 |
|  |  |  | 左手握住瓶身，右手的大拇指和食指去拧瓶盖 |
|  | 用户 8 |  | 先用整只手包住瓶盖(增大接触面积，增大手与盖之间的摩擦)将其拧松，然后换为手指拧下瓶盖 |
|  |  |  | 直接用手指拧上瓶盖 |
|  | 用户 9 |  | 先用大拇指和食指捏住瓶盖去拧，瓶盖拧松后将手指竖起拧开了瓶盖 |
|  |  |   | 先将手指竖起拧上瓶盖，再把手放下侧拧试试是否拧住 |
|  | 用户 10 |  | 先用手心以下及小手指和无名指攥住杯盖中指抵住杯盖(增大手与杯盖间的摩擦)将其拧松，再用手指转动杯盖将其拧开 |
|  |  |  | 先用大拇指滑动杯盖，然后换为整只手包住瓶盖并将其拧紧 |
| 喝水任务 | 用户 1 |  | 发现水杯剩余水较少，双手扶着水杯，头大角度上扬，完成喝水动作 |
|  | 用户 2 |   | 左手抓住水杯腰身部分，右手拿着杯盖喝水 |
|  | 用户 3 |  | 外出运动，水杯容量较小，不能充足地补充水分 |
|  |  |  | 发现水杯剩余水较少，右手扶着水杯，左手拿着杯盖 |
|  |  |  | 头大角度上扬，完成喝水动作 |

续表

| 用户任务 | 用户 | 视频截屏图片 | 目的行为、意图行为、操作行为分析 |
| --- | --- | --- | --- |
| 喝水任务 | 用户 4 |  | 左手扶住杯身，右手拧开杯盖 |
| | | | 左手拿起杯身，右手拿着杯盖，喝水 |
| | 用户 5 | 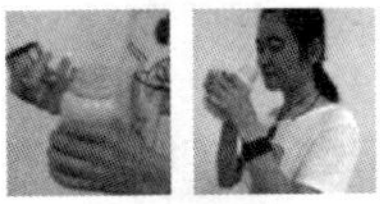 | 喝水时，杯绳仍然套在手指上 |
| | | | 双手一起举起杯子，喝水 |
| | 用户 6 |  | 右手扶着公交车上的扶手，左手仰起水杯喝水 |
| | 用户 7 |  | 左手握住瓶身上半部分(靠近杯口处)，仰起喝水 |
| | 用户 8 |  | 右手握住瓶身仰起喝水 |
| | 用户 9 |  | 左手握住水杯仰起喝水；想要写字时需将右手中的杯盖先放到桌子上再拿笔写字 |
| | 用户 10 |  | 仰起水杯观察水量，然后喝水 |
| 携带任务 | 用户 1 |  | 拧紧水杯后，用右手握住杯身放置在桌面上 |
| | 用户 2 | 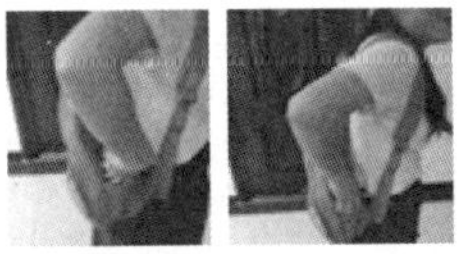 | 边走边装水杯，手腕弯曲 |
| | | | 旋转一定角度将水杯左右悬进书包 |
| | | | 取出水杯时，右手手指捏住杯盖侧边，上下晃动杯子，取出水杯 |
| | 用户 3 | 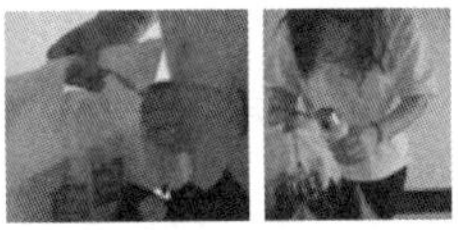 | 拧紧杯盖，右手提着东西，左手握住杯身，再用右手手指撑开杯绳 |
| | | | 将杯绳套进指头 |
| | | | 将杯子跟别的人东西提在一起 |
| | 用户 4 |  | 左手拿上杯子，换给右手 |
| | | | 左手扶书包，右手很不舒服地拿着杯子，塞进书包里 |

续表

| 用户任务 | 用户 | 视频截屏图片 | 目的行为、意图行为、操作行为分析 |
|---|---|---|---|
| 携带任务 | 用户 5 |   | 中间三个手指指头套进杯绳里 |
| | | | 手指头旋转半圈，大拇指按住杯绳的首端 |
| | 用户 6 |  | 先用左手手指勾住提绳，再用食指和中指托住杯底，其余三指攥住杯身(为了更稳定)，放在身体的左侧 |
| | 用户 7 |  | 直接握在手中 |
| | 用户 8 | 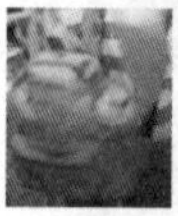 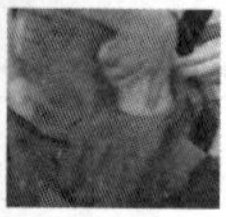 | 左手捏住书包，右手塞水杯，塞了好久才塞进了书包侧袋 |
| | 用户 9 |  | 双手握住杯身，放在胸前 |
| | 用户 10 |  | 食指与中指勾住提绳，拎在手中 |

# 参 考 文 献


[1] Darnell M. Bad Human Factors Designs[EB/OL]. http://www.baddesigns.com, 1996-2021.

[2] 李亚杰，何明泉. 商品意象设计指标权重之研究[J]. 设计学报，2011，16(1)：41-64.

[3] Wylant, Barry. Design Thinking and the Experience of Innovation[J]. Design Issues, 2008, 24(2): 3-14.

[4] 柳沙. 设计心理学[M]. 2版，2012.

[5] 李永锋，朱丽萍. 基于模糊层次分析法的产品可用性评价方法[J]. 机械工程学报，2012，48(14)：183-191.

[6] 王惠. 基于虚拟现实技术的产品设计过程中的可用性研究[D]. 东华大学，2006.

[7] Yan Z , Niu S. Research on the Evaluation System and Quantitative Methods of Smartphone Based on User Experience[C]. Proceedings of the 6th International Asia Conference on Industrial Engineering and Management Innovation, 2016: 97-106.

[8] 周荣刚. IT产品用户体验质量的模糊综合评价研究[J]. 计算机工程与应用，2007(31)：102-105.

[9] 吕春梅，王帅，唐艳红，等. 基于层次分析法的老年社交APP产品可用性评价指标研究[J]. 机械设计，2019，36(S2)：174-177.

[10] 刘胧，刘虎沉. 运用FMEA的产品可用性评价方法[J]. 工业工程，2010，13(03)：47-50.

[11] Kwahk J, Han S H. A methodology for evaluating the usability of audiovisual consumer electronic products[J]. Applied Ergonomics, 2002, 33(5): 419-431.

[12] 杨超翔，叶俊男，程建新，等. 面向用户需求的儿童玩具可用性研究[J]. 包装工程，2018，39(18)：181-185.

[13] 陈昊，唐帮备，胡果. 基于肢体运动数据的智能产品可用性测评模型[J]. 机械设计，2020，37(05)：125-129.

[14] Seva R R, Gosiaco K, Santos M, et al. Product design enhancement using apparent usability and affective quality[J]. Applied Ergonomics, 2011, 42(3): 511-517.

[15] Sonderegger A, Sauer J. The influcnce of design aesthetics in usability testing[J]. Applied Ergonomics, 2010, 41(3): 403-410.

[16] Zheng X S, Lin J W, Zapf S, et al. Visualizing User Experience Through "Perceptual Maps": Concurrent Assessment of Perceived Usability and Subjective Appearance in Car Infotainment Systems[J]. Springer-Verlag, 2007: 536-545.

[17] Nantel J, Glaser E. The impact of language and culture on perceived website usability[J]. Journal of Engineering & Technology Management, 2008, 25(1-2): 112-122.

[18] Fenko A, Schifferstein H, Hekkert P. Shifts in sensory dominance between various stages of user-product interactions[J]. Applied Ergonomics, 2010, 41(1): 34-40.

[19] Henninger S. A Methodology and Tools for Applying Context-Specific Usability Guidelines to Interface Design[J]. Interacting with Computers, 2000, 12(3): 225-243.

[20] Gomes F F, Tiago C, Isabella D, et al. Correction to: Mixed prototypes for the evaluation of usability and user experience: simulating an interactive electronic device[J]. Virtual Reality, 2018: 1-2.
[21] 王洪艳. 虚拟现实产品的用户体验评价方法的探讨[J]. 科技创新导报, 2019, 16(03): 236-238.
[22] 王秋惠, 杨爱慧, 任成元. 基于视线追踪, 产品设计概念可用性评价方法[J]. 人类工效学, 2011, 17(01): 55-59.
[23] Tan H Y Z M. Application of virtual reality technology in the assessment and treatment of substance dependence[J]. Chinese Journal of Behavioral Medicine and Brain Science, 2018, 27(2): 189-192.
[24] Deng X J Q X. Application of virtual reality technology in medical education[J]. Chongqing Medical Journal, 2017, 46(18): 2582-2584.
[25] Wang S. Research of Comprehensive Evaluation of User-oriented Expressway Service Area[J]. Journal of Highway and Transportation Research and Development, 2016, 33(2): 125-129.
[26] 辛向阳. 交互设计: 从物理逻辑到行为逻辑[J]. 装饰, 2015(01): 58-62.
[27] 唐纳德. A. 诺曼, 等. 设计心理学: 情感设计[M]. 中信出版社, 2012.
[28] 张成忠, 孔梅. 交互设计在工业产品设计中的应用与未来展望[J]. 包装工程, 2011, 032(008): 68-71.
[29] 杨玲, 李洋, Borgen Marcel. 面向用户体验的交互式产品设计方法及其应用[J]. 制造业自动化, 2018, 40(08): 35-38.
[30] 马文娟, 郭丽. 基于系统设计思维理念下的交互产品设计研究[J]. 包装工程, 2020, 41(16): 105-110.
[31] 张艳玲, 罗婷. 交互设计中的行为分析在社区公共设施的应用[J]. 包装工程, 2021, 42(04): 256-262.
[32] 李煜, 彭少杰. 交互设计在工业设计中的应用与研究[J]. 轻纺工业与技术, 2020, 215(02): 40-41.
[33] 马超民, 赵丹华, 辛灏. 基于用户体验的智能装备人机交互界面设计[J]. 计算机集成制造系统, 2020, 26(10): 2650-2660.
[34] 李世国, 华梅立, 贾锐, 等. 产品设计的新模式——交互设计[J]. 包装工程, 2007, 28(4): 90-92.
[35] 梁恺文, 李焱林. 基于用户场景的交互设计流程研究[J]. 包装工程, 2018, 39(16): 197-201.
[36] 谭浩, 徐迪. 基于情境的产品交互设计思维研究[J]. 包装工程, 2018, 39(22): 12-16.
[37] Chen X, Zhao J. A Hybrid System Approach of Case-Based Reasoning and Knowledge-Based for Product Form Design[C]. International Conference on Natural Computation, IEEE, 2007: 325-330.
[38] 柳冠中, 陈汗青. 工业设计与创意产业中国科协年会工业设计分会论文选集[M]. 机械工业出版社, 2007.

[39] 刘佳星，余隋怀，基于组合遗传算法的产品形态创新设计研究[J]. 计算机应用研究，2009，26(004)：1244-1245.

[40] Chen S E，Parent R E. Shape averaging and its applications to industrial design[J]. IEEE Computer Graphics & Applications，1989，9(1)：47-54.

[41] Wang H. An approach to computer-aided styling[J]. Design Studies，1995，16(1)：50-61.

[42] Hsiao S W，Liu M C. A morphing method for shape generation and image prediction in product design[J]. Design Studies，2002，23(6)：533-556.

[43] Mei C A，Chong H Y，Mckay A，et al. Capturing Mini Brand Using a Parametric Shape Grammar[C]. Visual Informatics：Sustaining Research & Innovations - second International Visual Informatics Conference，Springer-Verlag，2011，7067：1-12.

[44] Tjalve E. A Short course in industrial design[M]. Newnes-Butterworths，1979.

[45] Pahl G，Beitz W，Feldhusen J A，et al. Engineering design：A systematic approach[M]. Institution of Engineering and Technology(IET)，1963.

[46] Hsiao S W，Chiu F Y，Lu S H. Product-form design model based on genetic algorithms[J]. International Journal of Industrial Ergonomics，2010，40(3)：237-246.

[47] Fung K Y，Kwong C K，Siu K W M，et al. A multi-objective genetic algorithm approach to rule mining for affective product design[J]. Expert Systems with Applications，2012，39(8)：7411-7419.

[48] 刘肖健，李桂琴，孙守迁. 基于交互式遗传算法的产品配色设计[J]. 机械工程学报，2009，45(10)：222-227.

[49] 徐江，孙守迁. 基于正交-交互式遗传算法的产品造型设计[J]. 计算机集成制造系统，2007，13(008)：1470-1475.

[50] Wang T，Zhou M. A method for product form design of integrating interactive genetic algorithm with the interval hesitation time and user satisfaction[J]. International Journal of Industrial Ergonomics，2020，76：102901.

[51] 傅业焘，罗仕鉴. 面向风格意象的产品族外形基因设计[J]. 计算机集成制造系统，2012，18(3)：449-457.

[52] Sevaux M，Mineur Y. A curve-fitting genetic algorithm for a styling application[J]. European Journal of Operational Research，2007，179(3)：895-905.

[53] 宋红，余隋怀，王淑侠，等. 基于可供性的自适应免疫遗传优化产品形态设计方法[J]. 计算机集成制造系统，2014(06)：46-52.

[54] 杨延璞，余隋怀，陈登凯. 运用遗传算法的产品造型设计方案优化方法[J]. 现代制造工程，2012(03)：127-131.

[55] Li Y，Zhu L. Extracting knowledge for product form design by using multiobjective optimisation and rough sets[J]. Journal of Advanced Mechanical Design，Systems，and Manufacturing，2020，14(1)：1-16.

[56] 刘征，鲁娜，孙凌云. 基于知识流的产品创意知识获取方法[J]. 计算机集成制造系统，2011，17(1)：10-17.

[57] 刘征，鲁娜，孙凌云. 面向概念设计过程的隐性知识获取方法[J]. 机械工程学报，2011，47(14)：184-191.
[58] 刘征，鲁娜. 基于问题方案共进模型的设计知识获取方法[J]. 中国机械工程，2011(10)：1207-1213.
[59] Shieh M，Li Y，Yang C. Comparison of multi-objective evolutionary algorithms in hybrid Kansei engineering system for product form design[J]. Elsevier，2018，36：31-32.
[60] 蒋超，俞琳，翟广忍. 基于压痛耐受力的手柄接触面人机形态设计[J]. 计算机集成制造系统，2020，26(11)：3068-3073.
[61] 刘淼，郭名城，江伦欣，等. 基于感性工学的产品形态设计研究——以保温饮水器的眼动试验为例[J]. 上海理工大学学报，2020，42(05)：504-511.
[62] 郭西雅，李泽权，赵柔冰，等. 视觉显示终端作业中上肢肌肉疲劳研究[J]. 人类工效学，2020，26(06)：25-29.
[63] 罗仕鉴，边泽，张宇飞，等. 基于形态匹配的产品仿生设计融合[J]. 计算机集成制造系统，2020，26(10)：2633-2641.
[64] 汶晨光，苟秉宸，吴林健，等. 基于眼动分析的文化设计基因提取与应用研究[J]. 计算机工程与应用，2018，54(11)：217-224.
[65] 林丽，高芸坤，阳明庆，等. 基于视觉认知理论的产品形态优化设计方法[J]. 包装工程，2019，40(08)：16-22.
[66] 杨延璞. 泛族群产品意象造型设计理论与方法研究[D]. 西北工业大学，2013.
[67] Newell A，Shaw J C. Human problem solving[M]. Human problem solving，1972.
[68] 郑丽玉. 认知心理学-理论与应用[M]. 台北：五南出版社，1993.
[69] Neisser U. Cognitive Psychology. (Book Reviews：Cognition and Reality. Principles and Implications of Cognitive Psychology)[J]. Science，1977，198：816-817.
[70] Biederman I. Recognition-by-components：a theory of human image understanding[J]. Psychological Review，1989，94(2)：115.
[71] Selfridge O G，Neisser U. Pattern Recognition by Machine[J]. Scientific American，1960，203(2)：60-68.
[72] 叶浩生，杨莉萍，丁道群. 心理学史[M]. 华东师范大学出版社，2009.
[73] 王甦，汪安圣. 认知心理学[M]. 北京大学出版社，1992.
[74] 黄琦，孙守迁，陆亮，等. 基于特征匹配的产品风格认知方法[J]. 中国机械工程，2003，14(21)：1836-1838.
[75] Crilly N，Moultrie J，Clarkson P J. Seeing things：consumer response to the visual domain in product design[J]. Design Studies，2004，25(6)：547-577.
[76] Norman Donalda. 情感化设计：Why we love(or hate)everyday things[M]. 电子工业出版社，2005.
[77] Gibson J J. The Ecological Approach to Visual Perception[M]. Psychology Press，1979.
[78] Maier J R A，Fadel G M. Affordance-Based Methods for Design[C]. Asme International Design Engineering Technical Conferences & Computers & Information in Engineering Conference，

American Society of Mechanical Engineers, 2003: 785-794.

[79] Maier J, Fadel G M. Affordance based design: a relational theory for design[J]. Research in Engineering Design, 2009, 20(1): 13-27.

[80] Vicente K J, Rasmussen J. Ecological interface design: theoretical foundations[J]. IEEE Transactions on Systems Man & Cybernetics, 2002, 22(4): 589-606.

[81] Murakami T, Higuchi M, Yanagisawa H. Trial of Formulating Affordance Features for Product Design[C]. VMR 2009: Virtual and Mixed Reality, 2009: 586-595.

[82] Warren, William H. Perceiving affordances: Visual guidance of stair climbing. [J]. Journal of Experimental Psychology Human Perception & Performance, 1984, 10(5): 683-703.

[83] Sahin E, Cakmak M, Dogar M R, et al. To Afford or Not to Afford: A New Formalization of Affordances Toward Affordance-Based Robot Control[J]. Adaptive Behavior, 2007, 15(4): 447-472.

[84] Jordan T, Raubal M, Gartrell B, et al. An Affordance-Based Model of Place in GIS[J]. Proceedings International Symposium on Spatial Data Handling T. k. poiker & N. chrisman, 1998: 98-109.

[85] Lin Y, Thomas R D, Gardner D L. The Perception of Multiple Affordances: A Multidimensional Scaling Approach[C]. Human Factors and Ergonomics Society Annual Meeting Proceedings, 2008, 52(18): 1267-1271.

[86] Sheridan J G, Kortuem G. Affordance-Based Design of Physical Interfaces for Ubiquitous Environments[C]. Ubiquitous Computing Systems, 2006, 4239LNCS: 183-199.

[87] Chris B. Designing Smart Objects to Support Affording Situations: Exploiting Affordance Through an Understanding of Forms of Engagement. [J]. Frontiers in psychology, 2018, 9: 292.

[88] Jaya R, E K B, S T C, et al. Children's use of everyday artifacts: Learning the hidden affordance of zipping. [J]. Developmental psychobiology, 2020, 63(4). 793.

[89] Chen L H, Liu Y C. Affordance Design Requirements to Promote Intuitive User-product Interaction For Elderly Users with Dementia(Ⅱ)[J]. Journal of the Science of Design, 2019, 3(1): 127-136.

[90] Xenakis I, Arnellos A. The relation between interaction aesthetics and affordances[J]. Design Studies, 2013, 34(1): 57-73.

[91] 刘冠博, 王璐, 汪晓春. 基于可供性理论的产品交互界面适老化设计研究[J]. 湖南包装, 2019, 187(04): 83-87.

[92] 赵芳华, 白仲航, 邢丽. 从可供性视角看待情感三层次理论在产品设计中的应用[J]. 包装工程, 2020, 436(22): 32-37.

[93] 顾蓉, 穆宝宁. Affordance 认知探究及其在产品设计中的应用[J]. 包装工程, 2015, 036(006): 59-62.

[94] Francesco, Pucillo, Gaetano, et al. A framework for user experience, needs and affordances [J]. Design Studies, 2014: 160-179.

[95] Maier J R A, Fadel G M. Affordance-based design methods for innovative design, redesign and reverse engineering[J]. Research in Engineering Design, 2009, 20(4): 225-239.

[96] Dhouha E A, Houcine A. Perceived design affordance of new products: Scale development and validation[J]. Journal of Business Research, 2020, 121: 127-141.

[97] 李永锋，朱丽萍. 可供性及其在设计中的应用探析[J]. 装饰，2013(1): 120-121.

[98] Osiurak F , Badets A. Tool Use and Affordance: Manipulation-Based Versus Reasoning-Based Approaches[J]. Psychological Review, 2016, 123(5): 534-568.

[99] 武春龙，纪杨建，祁国宁，等. 以 Affordance 和功能为共同基础的功能结构图方法拓展[J]. 计算机集成制造系统，2015，21(4): 924-933.

[100] Hong S, Yu S, Lin Y, et al. An Affordance-Based Product Shape Design Method[C]. International Conference on Digital Manufacturing & Automation, IEEE, 2013: 126-131.

[101] Teng C K, Chuang M C. The Application of the Concept of Affordance to a Creative Design Method[C]. Design, User Experience, and Usability, Theory, Methods, Tools and Practice, 2011, 6770 LNCS(PART2): 215-224.

[102] 李帅，冯荟. 可供性在产品设计中的应用研究[J]. 包装工程，2020，41(06): 228-231.

[103] 罗仕鉴，朱上上. 用户体验与产品创新设计[M]. 机械工业出版社，2010.

[104] Hassenzahl M. Experience Design: Technology for All the Right Reasons[M] Morgan & Claypool, 2010.

[105] 吴佩平. 实验的设计心理学[M]. 中国建筑工业出版社，2014.

[106] 董建明，傅利民，沙尔文迪. 人机交互：以用户为中心的设计和评估[M]. 人机交互：以用户为中心的设计和评估，2010.

[107] 吕蕾，张金玲，朱英杰，等. 一种基于数据手套的静态手势识别方法[J]. 计算机辅助设计与图形学学报，2015，27(12): 2410-2418.

[108] 刘璇恒，邓宝松，裴育，等. 穿戴式手势交互系统与识别算法研究[J]. 小型微型计算机系统，2020，41(11): 2241-2248.

[109] 王琳琳. 基于惯性传感器的手势交互方法研究[D]. 电子科技大学，2017.

[110] 薛娇，孙鹏，邓峰，等. 基于触摸屏的手势遥控系统[J]. 计算机工程，2014，40(006): 285-290.

[111] Bretzner L, Laptev I, Lindeberg T. Hand Gesture Recognition using Multi-Scale Colour Features, Hierarchical Models and Particle Filtering[C]. Proceedings of Fifth IEEE International Conference on Automatic Face Gesture Recognition, 2002: 423-428.

[112] 沙亮. 基于无标记全手势视觉的人机交互技术[D]. 清华大学，2010.

[113] 姜克. 基于深度图像的 3D 手势识别[D]. 江南大学，2015.

[114] Oudah M, Al-Naji A, Chahl J. Hand Gesture Recognition Based on Computer Vision: A Review of Techniques[J]. Journal of Imaging, 2020, 6(8): 73.

[115] 刘杰，黄进，韩冬奇，等. 模板匹配的三维手势识别算法[J]. 计算机辅助设计与图形学学报，2016，28(8): 1365-1372.

[116] 任海兵，祝远新，徐光，等. 基于视觉手势识别的研究——综述[J]. 电子学报，2000，(02)：118-121.
[117] Gordon I E. Theories of Visual Perception[M]. Routledge，2004.
[118] Chou J R. A Gestalt-Minimalism-based decision-making model for evaluating product form design[J]. International Journal of Industrial Ergonomics，2011，41(6)：607-616.
[119] Vergara M，Mondragón S，Sancho-Bru J L，et al. Perception of products by progressive multisensory integration. A study on hammers[J]. Applied Ergonomics，2011，42(5)：652-664.
[120] 李银霞，袁修干，杨春信，等. 歼击机座舱工效学综合评价指标体系的建立[J]. 航空学报，2005(02)：148-152.
[121] 王璇，李鹏，朱晓冬. 水杯设计中人因工程学的应用研究[J]. 家具与室内装饰，2020(09)：22-24.
[122] 李银霞，袁修干，杨锋. 飞机座舱工效多级模糊评价研究[J]. 中国安全科学学报，2003(03)：50.
[123] 郭亚军. 综合评价理论、方法及应用[M]. 科学出版社，2007.
[124] 苏建宁，李鹤岐，李奋强. 产品设计中的感性意象定位研究[J]. 兰州理工大学学报，2004(02)：40-43.
[125] Matzler K，Hinterhuber H H. How to make product development projects more successful by integrating Kano′s model of customer satisfaction into quality function deployment [J]. Technovation，1998，18(1)：25-38.
[126] Ludden G D S，Kudrowitz B M，Schifferstein H N J，et al. Surprise and humor in product design[J]. Humor，2012，25(3).
[127] 宋红，余隋怀，陈登凯，等. 基于深度图像技术的可供性物体获取方法[J]. 机械设计与制造，2015(3)：28-31.
[128] Potter L E，Araullo J，Carter L. The leap motion controller：a view on sign language[C]// Proceedings of the 25th Australian Computer-Human Interaction Conference：Augmentation，Application，Innovation，Collaboration. ACM，2013：175-178.
[129] Sutton J. Air painting with Corel Painter Freestyle and the leap motion controller：a revolutionary new way to paint! [C]. Acm Siggraph Studio Talks. ACM，2013，21：1.
[130] 吴永健，王秉鉴. 工业产品形态设计[M]. 北京理工大学出版社，2003.
[131] 焦李成，杜海峰. 人工免疫系统进展与展望[J]. 电子学报，2003，31(10)：1540-1548.
[132] 肖人彬，王磊. 人工免疫系统：原理、模型、分析及展望[J]. 计算机学报，2002，25(12)：1281-1293.
[133] 张剑，谢学科，何华灿，等. 免疫计算的主要模型[J]. 微电子学与计算机，2004，21(10)：93-99.
[134] Jiao L，Lei W. A novel genetic algorithm based on immunity[J]. IEEE Transactions on Systems Man and Cybernetics-Part A Systems and Humans，2000，30(5)：552-561.

[135] Holland J H. Adaptation in Natural Artificial Systems[M], 1975.

[136] Goldberg D E. Genetic Algorithms in Search, Optimization, and Machine Learning[M]. Queen's University Belfast, 2010.

[137] Haykin Simon, 叶世伟, 史忠植. 神经网络原理[M]. 北京: 机械工业出版社, 2004.

[138] 阎平凡. 对多层前向神经网络研究的几点看法[J]. 自动化学报, 1997, 27(5): 82-85.

[139] 孙晓燕. 进化个体不确定适应值交互式遗传算法理论与关键技术[D]. 徐州: 中国矿业大学, 2009.

[140] Zwicky F. The Morphological Approach to Discovery, Invention, Research and Construction[M]. Pasadena: Springer Berlin Heidelberg, 1967.

[141] 韩周鹏. 三维装配模型可重用结构知识发现方法研究[D]. 西北工业大学, 2018.

[142] 熊艳, 李彦, 李文强, 等. 基于形态特征线意象量化的产品形态设计方法[J]. 四川大学学报: 工程科学版, 2011, 43(03): 233-238.

[143] 宋红, 余隋怀, 耶琳, 等. 基于语义的产品自适应混合免疫遗传形态设计[J]. 机械科学与技术, 2014, 33(011): 1627-1632.

[144] Wang B, Zhangwei. Analysis on the Impact Factors of User Experience in Mobile Reading Platforms[J]. Publishing Journal, 2016, 24(5): 91-96.

[145] 王世明, 岑詠霆. 排序决策的三角模糊数方法[J]. 工业工程与管理, 2009(01): 44-47.

[146] Zeng M W W H. Resident demand-side response control strategies considering user satisfaction in the context of smart power consumption[J]. Power System Technology, 2016, 40(10): 2917-2923.

[147] 郑景俗, 廖述贤, 张自立, Tsi-Li. 基于模糊层级分析观念及距离法模糊数排序评估武器系统[J]. 中华管理学报, 2003, 4(2): 1-18.